有機食品市場の構造分析

大山利男 編著

酒井 徹
谷口葉子
李 哉汯
横田茂永

日本と欧米の
現状を探る

農文協

はしがき

　2021年5月，農林水産省から「みどりの食料システム戦略」が公表された。2050年までに目指す日本農業の姿と取組方向を示したもので内容は多方面にわたるが，最も注目を集めたのは「2050年までに，オーガニック市場を拡大しつつ，耕地面積に占める有機農業の取組面積の割合を25％（100万ha）に拡大することを目指す」とした箇所であろう。2050年という時間設定は長すぎる感もあるが，有機農地面積の目標は相当に野心的である。長年，有機農業に取り組んできた生産者や現場をよく知る関係者ほど，その数値目標の大きさと困難さを感じたのではないかとも思う。ちなみに2014年の「新たな有機農業推進に関する基本方針」では，2018年までに有機農業の取組面積を倍増（1％）することが目標とされていた。また，2020年3月の新しい基本方針（中間とりまとめ）では，2030年までに6万3,000haという目標をまとめたところであった。これまでの議論や数値目標と比べると，今回の「みどり戦略」がいかに異次元の目標設定であるかがわかるであろう。

　ところで有機農業は，国際的な場面でも推進されるべき食料システムと位置付けられるようになっている。背景にあるのは，国連の持続可能な開発目標（SDGs）であり，気候変動や生物多様性保全への対応といった喫緊の課題である。食料農業分野において，有機農業は持続可能な食料システムの有効なモデルとして位置付けられている。その典型は，欧州委員会（EU）が公表した新しい成長戦略「欧州グリーンディール」（2019年12月）であり，その後に公表された「Farm to Fork戦略」と「生物多様性戦略」（2020年5月）であろう。Farm to Fork戦略でも「有機農地面積の割合を2030年までに25％」という目標が示されているが，日本の「みどり戦略」よりも1年早く公表されており，2030年を目標年としている点で，よりいっそう野心的に映る。いずれにしても有機農業の普及拡大は，国際的にも国内的にも農業政策の最重要課題の一つとなっている。

　さて本書は，農林水産省農林水産政策研究所の委託研究事業「欧米の有機農業政策および国内外の有機食品市場の動向と我が国有機農業および食品市場の展望」（2018〜2020年度）の成果をもとに，一部を加筆，割愛して編集し直したものである。

　本共同研究の趣旨は，有機食品市場の構造把握と市場規模の推計である。有機農

産物の生産から消費にいたるフードチェーンは，生鮮野菜を中心にシンプルで直接的な流通から始まるが，現在では多くの関連事業者が担う有機食品のフードシステムを形成しているという面がある。加工食品，飲料品等の品目の多様化と，外食・中食等の消費形態の多様化，さらに店舗，宅配，ネット通販等の購入形態の多様化が見られるからである。

これまで，調査研究の中心はケーススタディに基づく定性的研究が多かったが，本共同研究では，有機食品市場の規模を推計するため，さまざまな数量データの収集，推計を試みており，それが大きな成果と考えている。当然，有機農業界，食品産業界は内外とも変化しているので，さまざまな事業者，関係者への聞取調査や情報収集，分析についても精力を注いでいる。

有機農業の発展は，基本的に生産と消費が両輪となって成長すると考えられる。有機農業の発展度合を測るという意味で，生産と消費をつなぐ有機農産物流通，その総体である有機食品市場の数量把握は重要である。ただ，日本では有機食品市場の把握が十分になされてこなかった。とくに数量的データが乏しかったといえるだろう。

本共同研究を進める過程で，欧米諸国の市場動向や実際のデータ収集・推計手法等に学ぶところが多かった。それらもふまえて日本の有機食品市場の規模の推計や考察を試みているが，これで完了しているとはいえない。今後は，定期的なデータの収集・構築や，継続的な分析が求められるであろう。研究者の守備範囲を越えるが，そのための制度，仕組みの整備が今後の課題であることは明らかである。

最後に，本書の構成についてふれておきたい。

まず第1章では，日本の有機農業の現在を概観する。また，これまでの有機農産物流通，有機食品市場の特徴は何かを検討する。本書全体の主題であるが，有機農産物流通，有機食品市場に関する定量分析の意義と課題についても述べる。

第2章は，欧米諸国の有機食品市場や政策動向に関する諸事情の概説である。

第3章は，欧米諸国で行われている有機食品市場に関するデータ収集の実際と，市場規模の推計手法について検討している。つづく第4章，第5章の序章的な位置付けである。

第4章は，日本国内の有機農産物・有機食品市場の規模の推計結果を取りまとめている。国内の有機事業者へのアンケート調査を実施し，その結果から小売，食品加工等の部門ごとの推計を試み，さらに市場全体の構造と規模を推計している。

第5章は，消費者の購買履歴データに基づいた有機食品市場の規模の推計である。欧州諸国で多く採用されている推計手法を日本にも適用した分析であるが，当然その妥当性の検証も必要となる。本章では，その他の手法で得られた推計値と併せてクロスチェックを行い，分析の精度を向上させるための検討も行っている。

第6章は，日本の有機食品専門問屋のケーススタディをもとに，国内の有機加工食品の市場とサプライチェーンの特徴について検討している。専門問屋は，原料生産者，加工業者，小売業者等の結節点になっており，国内の有機食品市場において重要な役割を果たしてきた。各社の事業構造と近年の課題について考察している。

第7章は，有機緑茶の輸出実態と可能性に関する論稿である。近年，国産農産物の輸出が大いに期待されているが，とくに緑茶への期待は大きい。緑茶は有機比率が高く輸出実績もあるが，実態調査から見えてくる課題として，輸出先の現地でのサプライチェーンの構築が重要となっている。

第8章は，有機認証をめぐる考察である。周知のとおり，国内では有機JAS認証に頼らない直接販売等は少なくない。そこで，ここでは国内の産消提携，CSA，PGS等の取組実態について整理し検討している。また，消費者アンケート調査により，認証されていない有機農産物に対する消費者意識やその属性を検討した。

第9章は，直近の欧州における有機農業をめぐる政府の動向，方向性について述べている。

なお，本書の論稿ですでに公表している初出はつぎのとおりである。

第3章

谷口葉子（2021）「欧米における有機市場データの収集の実態と日本における課題」『フードシステム研究』第28巻1号，46-53頁.

第6章

李哉泫（2020）「有機加工食品の市場及びサプライチェーンの構造と特徴—有機食品専門問屋のケーススタディより—」『フードシステム研究』第27巻2号，37-47頁.

有機食品市場の構造分析
日本と欧米の現状を探る

CONTENTS

第3章　欧米諸国の有機市場データの収集実態と日本における課題　谷口 葉子 ………………………… 72

CONTENTS

7

第6章　有機加工食品の市場および　　サプライチェーンの構造と特徴　李 哉法 …………184

第9章　欧州諸国にみる有機農業成長戦略

第1章

有機食品市場の特質と定量的把握の試み

第1章 有機食品市場の特質と定量的把握の試み

大山 利男

　ここでは，日本国内の有機農業の展開状況を概観し，さらに有機農産物流通・有機食品市場の日本的特徴とは何かを考察する。また，あとの第3章，第4章，第5章において有機食品の市場規模を推計するが，その意義についてふれることとする。

1. 日本の有機農業・有機食品市場の現在

　日本の有機農業について，その変化を経年的に把握できるのはほぼ2000年代以降に限られる。2001年の有機JAS制度の導入，2006年の有機農業推進法の制定からそれなりの時間が経過しているが，この間の推移を数量的に把握できるのは，農林水産省が公表している有機JAS制度の格付実績である。これは登録認証機関が農林水産省に報告した実績を集計したものである。有機JAS認証されていない有機農業・有機農産物等についてはデータがないため含まれないが，限定的ではあるもののいくつかの傾向について類推可能である。以下では有機JAS格付実績により，日本の有機農業の推移について概観する。

(1) 有機農地面積の拡大状況

　まず表1-1は，有機JAS制度による格付実績から見た，国内の有機農地面積の推移を示している。2009年から2019年にかけて，10年間で有機農地面積は2,496 ha増加し，この間の増加率は29%であった。地目別に見ると，「田」は増減を繰り返して横ばいであるが，「畑」はほぼ一貫して拡大している。また「茶畑」は，2018年次から独立した項目となり，有力な作目になっていると推測される。全体として日本の有機農地面積は着実に拡大してきたといえる。

　ただし同時期に，世界の有機農地面積は3,720万haから7,230万haへとほぼ

倍増しており（Willer and Lernoud eds. 2015; Willer et al. eds. 2021），それと比較すると，日本の有機農業の拡大はむしろ鈍いと見ることもできる。国内農地に占める有機農地の面積割合についても0.2％台と低く，有機農業が十分に拡大しているとは言い難い数値となっている。日本では，有機認証されていない（いわゆる非JAS有機認証の）農地面積をどの程度に推計して加えるかという論点はあるが，それを合わせてもおおむね0.5％という推計もある（MOA自然農法文化事業団 2011）。これらの数値は，とくに欧州諸国と比較するとその差は大きく，しかもその差は広がっている。

表 1-1　国内有機農地面積の推移（有機 JAS 格付実績による）

年次	合計	田	畑					その他	国内耕地面積	
	ha	ha	ha	普通畑	樹園地	牧草地	茶畑	ha	万 ha	有機面積割合 %
2009	8,506	2,902	5,596	4,235	999	362		9	462.8	0.18
2010	9,084	2,998	6,076	4,396	1,196	483		10	460.9	0.20
2011	9,401	3,214	6,169	4,627	1,127	416		17	459.3	0.20
2012	9,529	3,149	6,365	4,778	1,077	510		16	456.1	0.21
2013	9,889	3,098	6,676	4,866	1,088	722		115	454.9	0.22
2014	9,937	2,961	6,857	4,924	1,129	804		118	453.7	0.22
2015	10,043	2,863	7,057	4,940	1,170	948		122	451.8	0.22
2016	9,956	2,825	7,008	4,879	1,326	803		122	451.8	0.22
2017	10,366	2,898	7,344	4,955	1,421	968		124	447.1	0.23
2018	10,800	2,963	7,676	5,097	454	870	1,255	161	444.4	0.24
2019	11,002	3,026	7,808	5,167	474	815	1,352	168	442.0	0.25
2020	12,027	3,063	8,780	5,141	509	1,756	1,374	184	439.7	0.27

資料：農林水産省HPより作成
https://www.maff.go.jp/j/jas/jas_kikaku/yuuki_old_jigyosya_jisseki_hojyo.html

（2）有機農産物数量の拡大状況

　有機JAS制度による国内での有機農産物の格付実績を，有機農産物の生産数量と読み替えるならば，作物別の生産数量の推移として把握可能である。

　図1-1は，2001年から2019年の有機JAS格付数量（重量ベース）の推移を示している。最も明らかなことは，日本の有機農業はその主力が「野菜」生産にあるという点である。野菜の格付数量は，2001年の19,675tから，2019年に53,186tまで増加し，絶対量として大きな部分を占めるが，その比重もよりいっ

そう増大している。

　次に多い作目は「米」であるが，有機JAS格付数量は2009年の11,565tをピークに，2019年には8,483tまで減少している。一般的な消費傾向として「米離れ」が指摘されて久しいが，有機米についても同様のことが言えるのだろうか。ただ，「田」の有機面積が横ばいであること，「米」の格付数量も減少していることにより，有機食品市場においても米離れの進行が見られることが示唆されている。

　以上のように，生産面をみる限りでは，日本の有機農業は野菜を中心に展開しており，数量的に多くはないが緑茶の伸張が目立っている（第7章で詳述）という構図となっている。

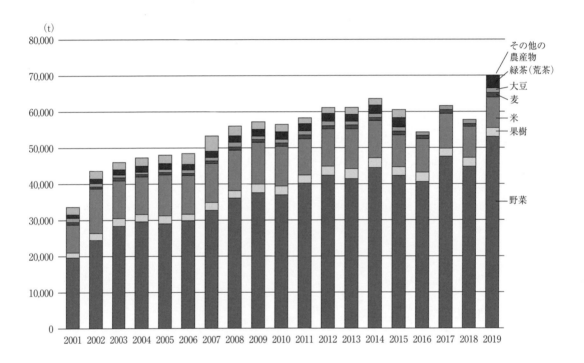

図1-1　国内の認証有機農産物の推移
（有機JAS格付実績・重量トン・作目別）
資料：農林水産省HPより作成
https://www.maff.go.jp/j/jas/jas_kikaku/yuuki_old_jigyosya_jisseki_hojyo.html

（3）作目別に見た有機生産の割合

　有機農業の発展は，上記のことから地目や作目によって違うことが明らかである。そのため，農産物生産量の全体に占める有機割合についても作目ごとに違いが見られる。

最も有機割合が高い作目は「緑茶」である。2015年に3.41％，2019年には4.59％までシェアを高めている。現在，国内で最も有機農業が普及している部門である。次に高いのは「その他の農産物」であるが，これは必ずしも数量が絶対的に多いわけではないものの，「こんにゃく」等の一部の作目で有機割合が高いためである。

国内で有機割合が1％を超える作目は以上であるが，それ以外の作目について示したのが図1-2である。この中で見ると「大豆」の有機割合が比較的高く，その割合を高めていることが目立っている。大豆加工食品業者による国産大豆に対する需要増を反映していると推測される。また「野菜」についても，2000年代は他作目との大きな差はなかったが，2010年代以降に有機割合を高めていることが伺える。

数量的なデータは限られているが，有機JAS格付実績から見えてくる日本の有機農業の概況は以上のようなことである。

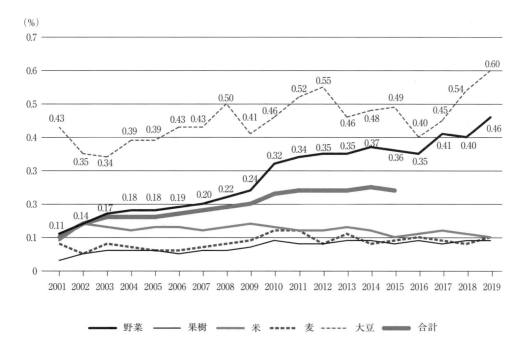

図1-2　作目ごとの有機シェアの推移

資料：農林水産省HPより作成

https://www.maff.go.jp/j/jas/jas_kikaku/yuuki_old_jigyosya_jisseki_hojyo.html

2. 日本の有機農業運動と有機農産物流通

(1) 有機農業運動の歩みと有機農産物流通

　日本で「有機農業」という用語が使われるのは，1971年の日本有機農業研究会の発足前後からである。それ以前には，1930年代から提唱されていた岡田茂吉による「自然農法」や，戦後の福岡正信による「自然農法」がよく知られている。考え方や技術にそれぞれ独自性があるが，広く有機農業という範疇で理解されている。そのように捉えると，日本の有機農業には長い歴史がある。また，医学や食事療法と結びついた運動や，共同農場型の有機農業運動など，さまざまな系譜を見ることもできる。欧米諸国の有機農業と同様であるが，農業の近代化に対するオルタナティブを求める運動として始まった点でほぼ共通する。当時の公害問題，農薬禍，食品安全への関心の高まりなどを背景として，「食」の生産・流通・消費のあり方を問い，近代化農業に替わるオルタナティブな農業生産と流通システムの構築を目指した運動が展開された。

　日本の有機農業運動は，生産者と消費者の「顔の見える関係」や「産消提携」という言葉に象徴される。1970年代から1980年代にかけて，日本の有機農産物流通の原型はこの産消提携に基づいたものであり，それが全国各地に展開した。すでに多くの研究者によって論じられている通りである（国民生活センター 1981；保田1986; 波夛野1998など）。

　1980年代以降になると，産消提携の有機農産物流通のほかに，「有機農産物専門流通事業体」が登場する（国民生活センター 1992）。たとえば「大地を守る会」は，生産者と消費者の組織化によって取扱数量を拡大し，結果的にそこに安定的な有機市場を創出するとともに，より効率的な物流・配送システムを構築することとなる（藤田2005）。また，この時期は「自然食品・有機食品専門店」も増加して，有機農産物流通は「多様化」の時代となる（国民生活センター 1992）。

　1990年代には，生協の「産直」事業も大きく変化する。当初の「産直」とは，もともと1970年代の「産地直送」や「産地直結」という言葉の短縮形であり，中間業者を抜いた流通の効率化・コスト削減を期待するものであった。「低価格」を実現する取り組みであり，一般食品スーパーマーケットによる「産直」も同様であった。しかし，すべてではないが，主要な生協は1990年代に，産直事業を「安全・安心」指向の取り組みへと大きく転換する（日本生活協同組合連合会 1996）。生協産直は，必ずしも厳格な「有機」が多いわけではなく「減農薬」などの特別栽培農産物が多くを占めたが，全国の生協組合員数「1,860万人」という消費人口は

絶対的に大きく，生協による産直事業の戦略転換は日本の有機農業に少なくない
インパクトを持っていた（日本生活協同組合連合会 1996）。

　以上のように，有機農産物の流通は「産消提携」というシンプルなものから，
徐々に参入する事業者が増えて複層的なものへと進展する。図1-3は，そのこと
を模式的に示している。

Box-1 日本の有機農業の歩み

1971年	「日本有機農業研究会」の結成
1970年代〜	産消提携の始まり
1980年代〜	有機農産物流通の多様化の時代（運動からビジネスへ）
	「有機農産物専門流通事業体」の発足
	「自然食品・有機食品専門店」の展開
1990年代〜	生協産直事業の戦略の変化（低価格簡便指向→安心安全）
2001年	有機JAS制度 施行
2000年代〜	多様な事業者／業態による有機食品市場への参入

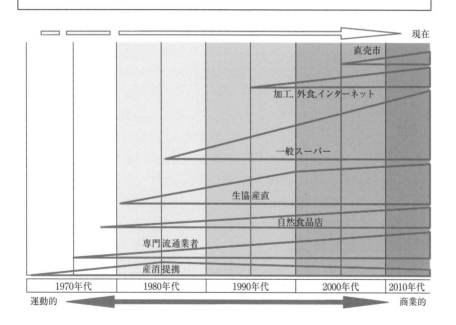

図1-3　日本の有機農産物流通の多様化の変遷
資料：酒井（2016）
注：Oyama（2004）をもとに酒井が作成

(2) 日本国内における有機食品市場の形成

　有機農産物流通の原型とされる「産消提携」は，生産者と消費者が直接的に取引をするというものだが，さまざまな実践の積み重ねによって成り立っていたことが明らかにされている（国民生活センター 1981；保田 1986；波夛野 1998 など）。そこに共通するのは，価値観を共有する生産者，消費者による密なコミュニケーションによって支えられ，運営されるシステムであったという点である。1980年代以降に登場する「有機農産物専門流通事業体」についても，やはり産消提携と同様に，社会運動的な性格を維持しているが，それを会社組織によって有機農業の価値観や精神を実現する事業として成り立たせた点が大きな功績といえる。

　専門流通事業体が担った役割は，実際的には有機農産物物流の効率化，代金の授受・決済，双方の情報交換・コミュニケーションの促進といったことがある。「大地を守る会」を例にとると，つぎのような取り組みと成果をあげることができる（藤田 2005）。すなわち，①全国各地の生産者グループの開拓，ネットワーク化（供給の拡大と調整），②消費者会員の組織化（需要の拡大），③物流の効率化，等である。

　また，1980年代の取り組みとして特筆しておくべき点は2つある。1つは，常設の店舗運営はなされず，もっぱら共同購入グループの組織化を進めた点である。産消提携の場合と同じである。特定の生産者と消費者によって形成される小さな「有機農産物市場」では，生産量・取扱量ともなるべく計画的，安定的に運営することが必要だったとも言える。常設店舗を保有しないのは，店舗・施設運営の費用を節約する意味もあり，また，共同購入班にまとめて配達することも個別宅配に比べて経費節約的なシステムであった。ただし，この共同購入班（大地を守る会では「ステーション」と呼んでいた）の組織化は，やがて世帯員構成や生活スタイルの変化に伴い難しくなる。日中，決められた曜日・時間に，配達場所に集まって農産物を受け取れる会員世帯は限られている。そこで導入されたのが「宅配システム」であり，1980年代後半から1990年代前半のことである。この宅配システムに特化して事業を開始するのが「らでぃっしゅぼーや」である（1987年）。宅配システムは，今日ではごく日常的なシステムであるが，有機農業界がこれを最も早くに開発し導入していた点は特筆すべきであろう。

　もう1つは，卸会社「㈱大地」の設立にみる卸部門の強化という点である。産消提携にしても専門流通事業体にしても，特定の生産者と消費者が組織化されたクローズドな「有機農産物市場」では，天候による収穫量の変動リスクが避けられない。供給量の変動リスクを生産者と消費者が分担するために「全量引取」という方式も見られた。不作でも困るが，豊作でも困ることがある。豊作で過剰農

産物が生じたとき，加工や貯蔵で解消できればよいが，あまりに大量の農産物を引き取ることは消費者にも負担が大きくなる。専門流通事業体の卸部門の強化は，実は以上のような問題に対する解決策ともなっていた。つまり，生産者に対して全量取引を約束しつつ，消費者の予約・注文に対して欠品を出さないためには，欠品を出さないだけの供給余力を確保することである。言い換えると，供給余力を持つことは会員消費者以外への供給を可能にするということである。

　有機農産物流通の多様化は，さまざまな事業者による有機食品市場への参入を意味するが，専門流通事業体による卸部門が強化されたことで，新しい需要者(一般の卸業者，食品加工業者，専門小売店，百貨店など)を掘り起こし，その参入を可能にしたのである。大地を守る会やビオマーケット等の卸機能は，国内の有機食品市場の拡大に一定の役割を果たしてきたと言える。

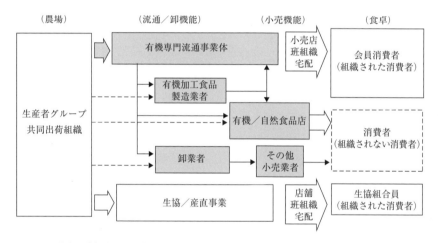

特徴：有機専門流通事業体の発足（卸部門の拡大）
　　　有機・自然食品専門店の展開
　　　生協等の産直事業の拡大

図 1-4　有機農産物流通の多様化の時代（1980 年代〜 1990 年代）

(3) 有機農産物流通の日本的特徴

　日本国内の有機農産物流通の変遷を振り返ると，たしかにさまざまな事業者が有機農産物市場に参入し，流通は多様化してきたといえる（国民生活センター1992）。ただし，各流通チャネルとも本質にそれほどの違いはなく，有機農産物流通がそれほど多様化しているわけではないと見ることもできる。どの流通チャネルも，ある程度特定化された生産者と消費者によって支えられている点でほぼ

共通しており，それが日本の有機農産物市場の特徴と見ることができる（Oyama 2004）。産消提携の時代は，生産者が限られており，消費者は消費者グループの会員になることで有機農産物の入手が可能となった。有機農産物専門流通事業体が登場してからも，共同購入の班組織に加わるか，宅配システムの消費者会員になるという点で消費者は組織されている。生協の場合も，拘束されるものではないが，出資して組合員になるという点で組織化されている。

　このように有機農産物・有機食品の購入ルートを見ると，各事業者は消費者を組織化し，そこに創出した自らの消費市場（需要）を計画的，安定的に管理することで事業を維持拡大させてきた。これが日本的な特徴と考えられる（Oyama 2004: 12-20）。

（4）有機JAS制度による有機農産物流通の変化

　有機JAS制度の施行は，各事業者がそれまで独自に組織化し管理してきた個別の「有機食品市場」にさまざまな影響をもたらす可能性があった。生産方法や取扱方法について自主的に判断，決定できたものが，必ずしもそうではなくなるからである。しかも第三者による検査認証システムの導入は，既存の有機事業者にとって大きな違和感とストレスを感じさせる要因でもある。

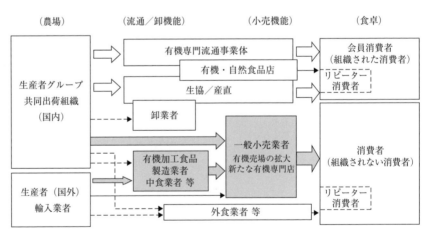

特徴：有機JAS制度の施行（2001.4）
　　　多様な業界から有機食品市場に参入
　　　ライトユーザーの多数化

図1-5　有機農産物流通の慣行化の時代（2000年代以降）

有機JAS制度の施行により，有機JASマークはパスポート機能を持つので，それぞれ個別に完結していたフードチェーンに対して，自由で横断的な取引を可能にする。有機・自然食品指向の事業者である程度完結していた市場とは別に，一般の農産物・食品を取り扱ってきた慣行の事業者も自由に，しかも部分的，一時的に取り扱うことが可能になる。有機農産物・有機食品は，欧米諸国と同様に，一般の慣行食品市場においても普通に並列的に流通可能な制度環境が整っているのである。図1-5に示すように，慣行の一般小売業，食品加工，中食，外食等の事業者の参入可能性が高まっている。また消費者は，組織されないスポット的なライトユーザーが増えて，そのことも有機食品市場を拡大させる要因となるだろう。

3. 有機食品市場の構造分析とデータ整備の課題

(1) 有機食品市場に関する統計データの必要

　以上，日本の有機農産物流通の変遷と有機食品市場の特徴について見てきた。ただし，有機JAS制度の格付実績から把握したものであり限定的である。とくに，有機農産物・有機食品の輸出入量については不明であり，有機食品市場の規模（小売額）や市場構造の変化を十分に説明できていない。また有機JAS認証されていない有機農産物，有機食品の数量，販売額についても不明である。有機食品市場を把握するためには，さまざまなステークホルダーの情報や数量データの収集が欠かせない。

　ところで，日本の有機食品市場について調査や市場規模の推計がまったく行われてこなかったわけではない。表1-2は，これまでのおもな推計結果の一覧を示している。調査の実施目的や背景がそれぞれ違うが，その時々の概況を示す貴重な推計結果である。ただし，酒井（2017）によれば，既存の有機食品市場に関する調査，アンケート調査，市場規模の推計分析においては，つぎのような課題や検討の余地があることを指摘している。たとえば，①調査・推計方法が異なるため結果にバラつきが大きい，②Web調査に依存したアンケート調査の妥当性，③パレート分布の妥当性，等である（第4章も参照）。

　また，谷口（2017）によれば，有機食品市場のデータ収集，推計分析にあたって考慮されるべき点として，①データ品質（さまざまな品質のデータが混在する可能性がある），②比較可能性（国際的比較や経時的比較ができるようにするには，収集データの種類，調査方法，分類方法等を一致させることが望まれる），といったことを指摘している。

　現在，日本の有機食品市場に関する統計データは十分とは言えないが，酒井

（2017）と谷口（2017）はつぎの3つの観点において統計データが求められる理由を整理している。

　①事業経営：新規参入（就農），認証取得，規模拡大，品目の選定，価格決定，チャネル選択等において，データに基づく分析や意思決定を可能にする

　②政策立案・執行・評価：政策選択，目標設定，政策設計，政策効果のモニタリングに求められる

　③学術研究：実態把握，他市場との比較，生産者・消費者行動等の研究に不可欠である

　あらためて第3章〜第5章（谷口稿，酒井稿）でも述べられるが，国内の有機食品市場に関する統計データの整備が望まれる。

表1-2　日本国内の有機食品市場規模の推計

調査公表年	評価年（推計時点）	市場規模	調査方法
東京都生活文化局（1995年）	1993年	約1,540億〜3,360億円	生産者・JA・自治体アンケート調査
IFOAMジャパン・日本SEQ推進機構 総合市場研究所（1997年・1999年）	1996年 1997年 1998年	1,945億円 2,260億円 2,605億円	都道府県アンケート 加工・流通業者ヒアリング 減農薬・減化学肥料等栽培含む
IFOAMジャパン オーガニックマーケット・リサーチ プロジェクト（OMR）（2010年）	2009年	約1,300億〜1,400億円	消費者Webアンケート調査 JAS有機
オーガニックヴィレッジジャパン（OVJ）（2016年）	2016年	381億円	消費者Webアンケート調査 JAS有機
		5,018億円	特別栽培農産物・加工品
オーガニックヴィレッジジャパン（OVJ）（2018年）	2017年	4,117億円	消費者Webアンケート調査「オーガニック市場規模感」
矢野経済研究所（2018年）	2017年	1,785億円	事業者対象アンケート調査 ヒアリング調査
農林水産省 有機食品マーケットに関する調査（農業環境対策課2018年）	2017年	1,850億円	消費者Webアンケート調査

（2）国内有機食品市場の成長と有機農業振興

　日本国内の有機食品市場規模の推計（表1-2）は，これまで個別に調査，推計されていたため，単純な比較や経年変化の把握はできない。

　ただし農林水産省では，OMR（2009）と農業環境対策課（2017）のデータを用いて有機食品市場のトレンドを示したことがある。推計手法が同じであり，調査間隔がほぼ10年ということもあり，トレンドをみる上で便宜的であったと言

える。図1-6は，農林水産省が作成した日本の有機食品市場規模の趨勢予測である。2009年の1,300億円，2017年の1,850億円という推計値を前提にすると，8年間で550億円（年率4.51％）の成長があったことになる。今後も同じ成長率が持続すると仮定すれば，国内の有機食品市場は2025年に2,633億円，2030年に3,283億円規模になることが予測されている。

日本の有機食品市場は，2001年の有機JAS認証制度の施行に伴い，少なくとも制度的，経済的に自由で開放的な市場環境にある。上記の有機食品市場の成長予測によれば，現状維持の成長率であってもそれなりの成長が見込まれる。国内の有機農業が，この有機食品市場の成長と相互に呼応して発展することが期待されるが，現状では野菜と緑茶については成長が見られるものの，それ以外についてはあまり成長が見られない。なぜであろうか。有機食品の生産と消費がうまく結びついていない要因があるとすれば，それは何なのか。有機食品市場の構造分析は，すべてに答えるものではないが，さまざまな要因について少しでも明らかにすることが課題である。

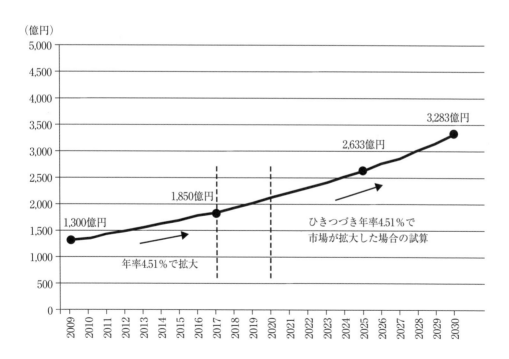

図1-6　日本の有機食品市場規模の予測
資料：農林水産省 食料・農業・農村政策審議会果樹・有機部会（2020年3月18日）

波夛野豪 (1998)『有機農業の経済学：産消提携のネットワーク』日本経済評論社.

国民生活センター編 (1981)『日本の有機農業運動』日本経済評論社.

国民生活センター編 (桝潟俊子・久保田裕子) (1992)『多様化する有機農産物の流通』学陽書房.

MOA自然農法文化事業団 (2011)「有機農業基礎データ作成事業報告書」平成22年度生産環境総合対策事業 (農林水産省).

日本生活協同組合連合会 (1996)『1860万人の生協産直：巨大ネットワークへの胎動』コープ出版.

Oyama, T. (2004) Diversified Marketing Systems for Organic Products and Trade in Japan. Paper presented at APO (Asian Productivity Organization) Seminar on Organic Farming for Sustainable Agriculture, 20-25 September 2004, Taichung Taiwan ROC p1-24.

酒井徹 (2016)「日本における有機農産物市場の変遷と消費者の位置付け」『有機農業研究』(特集 有機食品市場の展開と消費者) 8-1, p26-35.

酒井徹 (2017)「有機農業に関する統計データの現状と収集方法」日本有機農業学会第18回大会 (埼玉大学, 2017年12月10日発表).

谷口葉子 (2017)「有機食品市場データの質的向上と国際的整合性：ヨーロッパのOrMaCodeの取り組みより」日本有機農業学会第18回大会 (埼玉大学, 2017年12月10日発表).

Willer, Helga, and Julia Lernoud eds. (2015) (2016) (2017) (2018) (2019) (2020) The World of Organic Agriculture Statistics and Emerging Trends. FiBL and IFOAM.

Willer, Helga, Jan Trávníček, Claudia Meier and Bernhard Schlatter eds. (2021) The World of Organic Agriculture Statistics and Emerging Trends 2021. FiBL and IFOAM.

保田茂 (1986)『日本の有機農業：運動の展開と経済的考察』ダイヤモンド社.

第2章

欧米諸国の有機食品市場の
展開状況と政策動向

第2章　欧米諸国の有機食品市場の展開状況と政策動向

大山 利男

　Willer et al. (2020a; 2021a) によれば，世界の有機農地面積および有機食品市場は一貫して高い成長を続けている。とくに欧州および北米地域は大きな有機食品市場を形成しており，供給面・需要面の双方において大きな存在感を示している。ここでは，より成熟した有機食品市場を形成する欧州諸国を中心に，有機農業（有機農地面積）と有機食品市場の展開状況を整理し，関連する業界動向，政策動向を概観する。また，米国の国内事情についても概観する。

1. はじめに

　FiBL & IFOAMが毎年公表している世界の有機農業統計によれば，2018年の世界の有機農地面積は7,150万haで，前年から202万haの増加であった (Willer and Lernoud 2020: 21)。成長率は前年比2.9%で，とくにフランス（同27万ha, 16.7%増），ウルグアイ（同24万ha, 14.1%増）で大幅な増加が見られた。また2019年には，世界の有機農地面積は7,230万haで，前年から110万haの増加であった。前年比成長率は1.6%で，世界の農地面積の1.5%に達している。成長率の鈍化は見られるが，拡大基調が続いている (Willer et al. 2021a: 20-21)。この有機農業統計がはじめて作成された当初，1999年の有機農地面積は1,100万haだったので，この20年間で約7倍の拡大である。統計データの収集環境が整っていなかったことを考慮すると必ずしも精確とはいえないが，それでも有機農業が世界的に大きく拡大していることは確かである。

　他方，有機食品市場（小売販売額）も世界的に大きく成長している。2019年の世界の有機食品市場（飲料含む）は1,060億ユーロである。やはり本統計がはじめて作成された当初，2000年の有機食品市場は151億ユーロだったので，この20年間で約7倍に成長している。国別に見ると，最も大きな有機食品市場を有す

るのは米国（2019年447億ユーロ）で，続いてドイツ（同120億ユーロ），フラン
ス（同113億ユーロ），中国（同81億ユーロ）である（Willer and Lernoud 2020:
65）（Willer et al. 2021a: 22）。

　図2-1は，有機食品市場規模の大きい上位国について，2017年から3年間の市
場規模を示している。各国とも有機食品市場の成長を読み取ることができる（ス
ウェーデンを除く）。一般に有機農地面積の上位国では，農地面積がもともと絶
対的に大きいオセアニアやラテンアメリカの新大陸諸国が多いが，有機食品市場
については，中国を除いて北米2ヵ国と欧州諸国で占められている。2019年の
世界の有機食品市場の分布は，北米地域が45％，欧州地域が43％を占めていた
（Willer et al. 2021a: 65）。世界の有機食品市場は高い成長率で成長しているも
のの，その9割は北米地域と欧州地域で二分されており，極端に集中した構図と
なっている。

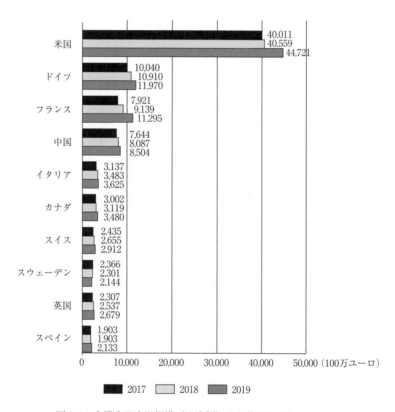

図2-1　有機食品市場規模（小売額）の上位10ヵ国

資料：Willer H.（2019）BioFach, Febrary 13, 2019;
　　　Willer H.（2020）BioFach, Febrary 12, 2020;
　　　Trávníček J. et al.（2021d）BioFACH Congress eSPECIAL, February 18, 2021.

2. 欧州諸国の有機農業・有機食品市場の展開状況

(1) 欧州諸国の有機農地面積の拡大

　表2-1は，おもな欧州諸国の有機食品市場に関する数値と有機農地面積・生産者数を一覧にしたものである。

　欧州全体の有機農地面積は，2019年に1,650万haで，前年から97万haの増加である（EU加盟国に限定すると1,460万ha）。欧州最大の有機農地面積を有するのはスペイン（240万ha，欧州における有機農地の14％以上）で，続いてフランス（220万ha），イタリア（200万ha）である。

　全農地に占める有機農地の面積シェアは，欧州全域の平均が3.3％，EU加盟国の平均で8.1％である。前者は，EUに加盟しないロシア（ウラル山脈以西），ウクライナ，中東欧諸国の一部が含まれ，数値は低めとなる。欧州諸国の一般的なイメージとしては，むしろEU加盟国平均で見た方が実勢に即しているといえる。

　各国別に見ると，表2-1に記載していない国を含めて，有機農地の面積シェアが10％を超える国が12ヵ国に達している。リヒテンシュタイン（41.0％）をはじめ，オーストリア（26.1％），エストニア（22.3％），スウェーデン（20.4％）は20％を超えている（Willer et al. 2021a: 25-26）。EUが公表した「Farm to Fork戦略」（2020年5月）は，2030年までに農地の25％を有機農地にするという目標を設定しているが，すでに一部の国は目標を達成しているか達成目前の状況である。

(2) 欧州諸国における有機食品市場の成長

　次に有機食品市場についてみると，2018年の欧州全域の有機食品市場（小売販売額）は407億ユーロであった。EU加盟国全体としては374億ユーロで，前年から7.8％の増加であった。最大の有機食品市場はドイツの109億ユーロで，続いてフランスの91億ユーロ，イタリアの35億ユーロであった。

　ドイツに限らないが，図2-2に示されるように，国や年次によって高い成長率を示している場合がある。さまざまな要因が考えられるが，欧州地域の市場規模は，2010年から2019年の10年間に限っても2倍以上の拡大である。

　なお表2-1では，イギリスの有機食品市場が2015年から2017年にかけて縮小（小売販売額の減少）傾向が認められる。その後，プラス成長に戻っているが（図2-2），Willer et al. (2020b: 227) の注釈によれば，これはイギリス・ポンドの為替レートがEU離脱決定後に大きく変動したことが原因であると指摘している。

表 2-1　おもな欧州諸国の有機食品市場，有機農地面積，生産者数の概況

		有機食品市場				有機農地			生産者数
		小売販売額 百万ユーロ	有機シェア %	対前年比 成長率 %	1 人当たり 支出額 ユーロ	有機農地面積 ha	面積シェア %	対前年比 増減率 %	
オーストリア	2015	1,065	6.5		127	553,570	21.3	0.5	20,976
	2016	1,542	7.9	13.0	177	571,585	21.9	3.3	24,213
	2017	1,723	8.6	11.8	196	620,764	24.0	8.6	24,998
	2018	1,810	8.9	6.7	205	637,805	24.7	2.7	25,795
	2019	1,920	9.3	6.1	216	669,921	26.1	5.0	26,042
デンマーク	2015	1,079	8.4	12.0	191	166,788	6.3	0.6	2,991
	2016	1,298	9.7	20.0	227	201,476	7.7	20.8	3,306
	2017	1,601	13.3	15.0	278	226,307	8.6	12.3	3,637
	2018	1,807	11.5	12.9	312	256,711	9.8	13.4	3,637
	2019	1,979	12.1	9.7	344	285,526	10.9	11.2	4,109
フランス	2015	5,534	2.9	14.6	83	1,322,202	5.0	18.6	28,884
	2016	6,736	3.5	22.0	101	1,538,047	5.5	16.3	32,264
	2017	7,921	4.4	18.0	118	1,744,420	6.3	13.4	36,691
	2018	9,139	4.8	15.4	136	2,035,024	7.3	16.7	41,632
	2019	11,295	6.1	13.4	174	2,240,797	7.7	10.1	47,196
ドイツ	2015	8,620	4.8	11.1	106	1,088,838	6.5	3.8	25,078
	2016	9,478	5.1	10.0	116	1,251,320	7.5	14.9	27,132
	2017	10,040	5.1	5.9	122	1,373,157	8.2	9.7	29,764
	2018	10,910	5.3	5.5	132	1,521,314	9.1	10.8	31,713
	2019	11,970	5.7	9.7	144	1,613,785	9.7	7.7	34,136
イタリア	2015	2,317	2.8	15.0	38	1,492,579	11.7	7.0	52,609
	2016	2,644	3.0	14.0	44	1,796,363	14.5	20.4	64,210
	2017	3,137	3.2	8.0	52	1,908,653	15.4	6.3	66,773
	2018	3,483	3.2	5.3	58	1,958,045	15.8	2.6	69,317
	2019	3,625	3.7	4.0	60	1,993,225	15.2	1.8	70,561
スペイン	2015	1,498	1.5	24.8	32	1,968,570	7.9	13.1	34,673
	2016	1,686	1.7	13.0	36	2,018,802	8.7	2.6	36,207
	2017	1,903	2.8	16.4	42	2,082,173	8.9	3.1	37,712
	2018	2,133		12.1	47	2,246,475	9.6	7.9	39,505
	2019	2,133				2,354,916	9.7	4.8	41,838
スウェーデン	2015	1,726	7.3	20.2	177	518,983	16.9	3.3	5,709
	2016	1,944	7.9	12.0	197	552,695	18.0	6.5	5,741
	2017	2,366	9.1	9.3	237	576,845	18.8	4.4	5,801
	2018	2,301	9.3	4.0	231	608,758	19.9	5.5	5,801
	2019	2,144	9.0	− 3.8	215	613,964	20.4	0.9	5,730
スイス	2015	2,175	7.7	5.2	262	137,234	13.1	2.4	6,244
	2016	2,298	8.4	8.0	274	142,073	13.5	2.9	6,348
	2017	2,435	9.0	8.1	288	151,404	14.4	6.6	6,638
	2018	2,655	9.9	13.3	312	160,992	15.4	6.3	7,032
	2019	2,912	10.4	5.6	338	172,713	16.5	7.3	7,284
イギリス	2015	2,604	1.4	4.9	40	495,929	2.9	− 5.2	3,434
	2016	2,460	1.5	7.0	38	490,205	2.9	− 1.2	3,402
	2017	2,307	1.5	6.0	35	497,742	2.9	1.5	3,479
	2018	2,537		5.3	38	457,377	2.7	− 8.1	3,544
	2019	2,679	1.8	4.8	40	459,275	2.6	0.4	3,581
EU 加盟国	2015	27,107		12.6	54	11,188,258	6.2	7.8	269,453
	2016	30,682		12.0	40	12,047,878	6.7	8.2	295,123
	2017	34,285		11.7	67	12,819,818	7.2	6.4	305,903
	2018	37,412			76	13,790,384	7.7	7.6	327,222
	2019	41,453	3.2	8.0	84	14,579,907	8.1	5.9	343,858

資料：Willer H. and Lernoud J. eds. (2017) (2018) (2019) (2020)；Willer et al. (2021a) The World of Organic
Agriculture Statistics and Emerging Trends. FiBL and IFOAM.

国際比較のデータでは，為替レートに起因する変動要因を考慮しておく必要がある。

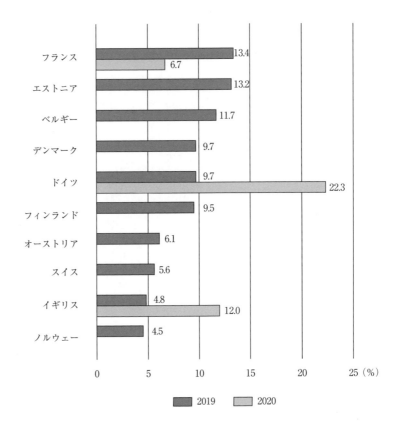

図 2-2　欧州諸国の有機食品市場の成長率（2019 年，2020 年）
資料：Trávníček J. et al.（2021d）BioFACH Congress eSPECIAL, February 18, 2021.

各国小売市場における有機食品のシェア

　小売市場における有機食品のシェアは，各国の有機食品市場の大きさや成熟度を示す指標となっている。図2-3は，有機食品販売額のシェアが高い上位国を示しており，デンマーク（2019年12.1％），スイス（同10.4％），オーストリア（同9.3％），スウェーデン（同9.0％）といった国が高いことがわかる（Willer et al. 2020b; Trávníček et al. 2021d）。また，これらの国は，1人当たり有機食品消費額の高い上位国でもある。2019年時点で，デンマークは1人当たり344ユーロ，スイスは338ユーロであった（表2-1）。

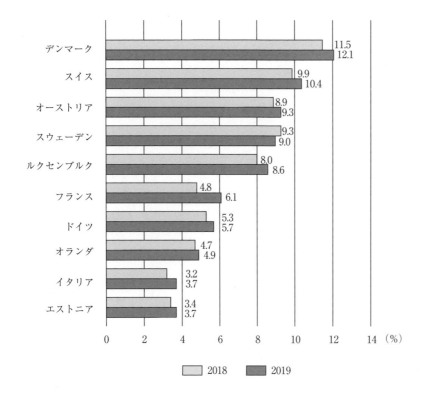

図2-3　国内小売市場における有機食品の販売額シェアの高い上位国
（国別，2018年・2019年）
資料：Trávníček J. et al.（2021d）　BioFACH Congress eSPECIAL, February 18, 2021.

国別・品目別の有機食品販売額シェア

　次に表2-2は，品目ごとに各国の小売市場における有機食品の販売額シェアを示している。品目ごとの供給構造（各国の農業構造および輸入状況）と消費志向（食文化等）を反映するので，むしろ各国事情を丁寧に確認することが肝要である。ここではポイントのみを指摘しておきたい。

　まず，目立つのは一部の有機畜産物のシェアが高いことである。有機「鶏卵」はほとんどの国で高いシェアを示しており，とくにデンマークは30％を超えて32.6％であり，続くフランスで29.6％，スイスで27.6％とそれに近いシェアである。また，表2-2とは資料が異なるが，Trávníček et al.（2021c）によればフランスは2019年に37.2％で，デンマークとスイスが30％弱であるという報告がある。養鶏は，とくにアニマルウェルフェア基準の義務化が最も進んでおり，鶏卵の有機シェアを高くしている背景の一つと考えられる。

また有機「ミルク・乳製品」等についても，統計上のサブカテゴリーに違いがあるが，総じて高いシェアを示している。ヨーロッパの有機食品市場において重要な位置にあることがわかる。

有機「生鮮野菜」「果物」も，各国で統計上のカテゴリーが違うため比較が難しいが，スイス，オーストリア，デンマーク，スウェーデン等では販売額シェアが総じて高く，とくにスイスは25％と高かった。なおWiller et al. (2020b) によれば，表2-2とは別に，いくつか際立った特徴を持った特定品目の存在を指摘している。たとえばドイツでは生鮮の有機「ニンジン」「カボチャ」の市場シェアが30％であり，デンマークでは有機「オートミール」が52％以上であるという。

その一方で，有機「飲料（ワインを除く）」の販売額シェアは必ずしも高いとはいえない（ワインについては制度改正により一部の国で「有機」の重要品目になりつつある）。また，畜産物の中でも「食肉・肉製品」（とくに家禽肉）は高くない。これらの品目は，一般的に価格差の大きな製品である場合が多く，いわゆる高品質とされる高価格帯のものから低廉な価格帯のものまである。特別なプレミ

表2-2　おもな欧州諸国の小売市場における有機食品の販売額シェア
（国別・品目別，%，2018年）

	オーストリア	ベルギー	チェコ	デンマーク	フィンランド	フランス	ドイツ	オランダ	ノルウェー	スペイン	スウェーデン	スイス	イギリス
ベビーフード				20.0		12.7			33.1				
飲料			0.4			5.0			0.6		5.6	3.7	
パン・ベーカリー		2.4	0.4		6.3	3.4	8.6	2.6	1.9		3.5		0.3
鶏卵	22.3	14.5		32.6	18.0	29.6	21.0	15.9	8.7	2.9		27.6	6.9
魚・魚製品		0.4				2.5		1.3	0.8	0.6	12.9		0.8
生鮮野菜	16.0			1.3		6.3	9.7		4.5	3.3	12.2	25.4	4.3
果物	10.7			18.8		7.7	7.8		2.3	1.7	18.4	16.2	2.7
野菜および果物			1.3		4.0	6.9		5.8			18.9		
食肉・肉製品	4.4		0.2			2.4	2.5	4.7	0.5	1.2	2.9	6.1	1.4
ミルク・乳製品			1.4			4.4		5.6	2.0	1.1	10.4		3.8
バター	10.8	4.7		16.6		5.6	4.5		3.1				
チーズ	10.2			5.0	2.0	1.6	4.7		0.7				1.1
ミルク	23.2	3.3			4.0	12.7	12.1		4.0				5.9
ヨーグルト	21.9	8.5			2.0	6.9	8.1		0.7				8.2
注（参考年）			2016	2017		2017				2017	2017		

資料：Willer et al. (2020b) p252.

アム価格を実現できることもあるが，実際には，安価な製品と価格比較をされやすいという販売上の課題がある。それと，有機「食肉・肉製品」の販売額シェアが高くない別の要因としては，オーガニック志向の消費者には菜食主義者（ベジタリアン）も多く，とくにヴィーガン志向の強まりが指摘されている（Willer et al. 2020b: 253）。

（3）欧州諸国の有機食品流通の特徴

　図2-4は，欧州6ヵ国について，販売チャネル別の有機食品販売額（2016年，2017年，2018年）を示している。外食・ケータリングは除かれるが，各国の販売チャネルと流通構造を伺い知ることができる。

　総じて，欧州最大の有機食品市場であるドイツ，近年の成長が著しいフランス，イタリアでは「総合小売店」（General Retailers）だけでなく，有機・自然食品の「専門店」（Specialised Retailers）および「その他」の販売チャネルがともに成長していることがわかる。近年は，総合小売店（スーパーマーケットチェーン）が有機食品市場の成長を大きく牽引していることが知られているが，これらの国では有機・自然食品の「専門店」や「その他」の直接販売，定期市等を通じた流通も一定の存在感を有している。

ドイツにみる有機食品市場の構造と小売事業者

　ドイツでは，古くからバイオダイナミック農場を中心とした農場直売所での販売や，出荷販売組織「demeter」による販売がある。また，伝統的な「生活改革運動」によって広まった「Reformhaus」（1887年，ベルリンで発足）の店舗網がある。どちらも古い歴史を持つが，今日でも重要な事業者である。また，1990年代以降の有機食品市場の成長に大きな役割を果たしてきたのは有機・自然食品の「専門店」である。ここでの専門店とは，個々に独立した小売店というよりも，むしろチェーン展開する大型専門店である。ドイツ国内で最大のチェーン展開をする「Alnatura」（1984年，フランクフルトで設立）はその典型である。

　他方，供給側についてみると，伝統的にドイツの有機農業団体は生産者の共同販売組織としての役割を有してきた。その意味で，有機農業基準・認証制度の開発・運用の直接的な目的も，自らが生産して出荷する有機農産物を検査認証することであった。第三者検査機関（Kontrollstelle）の検査手続きにより客観性を保ちつつ，有機農業団体の認証マークは，その生産者が所属する団体を示すものであり，生産者のプライドと信頼の証しとされている面がある。EUが定める有機ロゴ「EUリーフ」やドイツ連邦政府が定めている「Bio」マークもあるが，民間

有機農業団体の認証マークが好まれているとすれば，以上のようなことがその理由となる。また，有機農業団体は共同販売組織として卸機能を有しているので，「Alnatura」「Biomarkt」等の有機食品専門店による需要増大や食品加工業者の原材料需要にも有機農業団体が対応してきたというところがある。

2010年代以降は，一般のスーパーマーケットチェーンが有機食品の取り扱いを開始する。とくに2010年代後半になると，世界的な巨大流通グループであるシュバルツ・グループの「Lidl」「Kaufland」や，アルディ「Aldi」，レーヴェ・グループの「LEWE」，エデカ「Edeka」（組織上は協同組合）といった大手スーパーマーケットチェーン，ハードディスカウンター等の小売業態が有機食品の取り扱いに積極的に乗り出している。これらの流通グループは，一般小売市場においてきわめて高い市場占有率を有しており，全体でも10％にも満たない有機農業界・有機食品業界にとって，これらの流通グループの市場参入は大きなインパクトとなっている。

なお，このような大手スーパーマーケットチェーンはプライベートブランド（PB）として自社有機ブランドを開発していることが一般的であり，ドイツ国内でも例外ではない。各国で市場環境やサプライチェーン構造に違いはあるが，結果として有機市場を成長させている。ただし，ドイツで興味深いのは，これらの大手スーパーマーケットチェーンが有機農業団体の認証マークを積極的に採用する動きも見られることである。2018年，ドイツ国内で最大の有機農業団体「ビオラント」（Bioland）が，流通業界最大手のディスカウンター「Lidl」との業務提携を発表している。有機農業界と小売業界の業務提携の深化を象徴する出来事であるが，このような動きには価格指向の追求に加えて，有機食品市場の内部における新たな差別化の進展が推測される。

オーストリア，デンマーク，スイスの国内事情

オーストリア，デンマーク，スイスは，有機食品の市場シェアや1人当たり消費額が世界的に最も高い上位国の常連である。相対的に国土面積や人口規模は小さいが，共通して特徴的なことは，有機食品流通のほとんどを「総合小売店」が担っており，その総合小売店とは「コープ」であるという点である。各国の国内小売市場がもともと小規模であり，ドイツやフランス等の国際的な大手流通グループによる出店がまだ少なかったこともあるが，コープは各国で高い市場占有率を有してきた。

これらの国のコープに共通するのは，事業戦略として有機農業，有機食品の価値指向性を持った商品開発を展開してきたことである。また，いずれの国も政府

が早い時期から有機農業に積極的な推進政策を進めてきたという背景がある。事業面について見れば、コープと各国の有機農業界を代表する全国連合組織（オーストリアのBio Austria、スイスのBio Suisse等）との協力関係も重要である。各国における有機基準・認証制度の開発・普及推進に加えて、消費者への啓発活動や有機食品市場の育成に大きな役割を果たしてきたからである。

　ちなみに、スイスでは2大小売チェーンである「COOP」と「Migros」が、「有機」表示プログラムのほかに「生物多様性」「季節性（旬）」「除角しない牛（家畜福祉）」「在来品種の復興」といったテーマの農業推進プロジェクトに協力しており、それに則った表示プログラムの開発、普及促進活動を展開している。スイス的な国民性はあるかもしれないが、このようなコープの取り組みは有機食品市場の拡大に直接的、間接的に大きな役割を果たしていると考えられる。

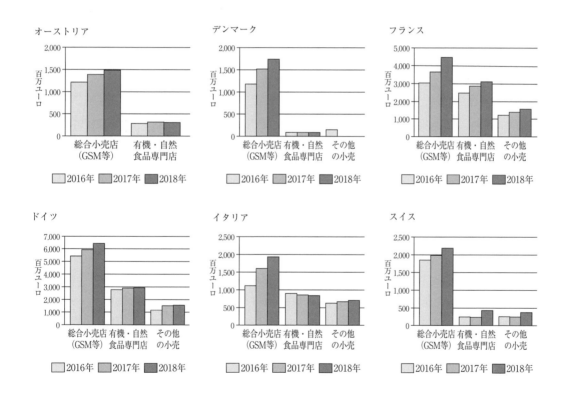

図2-4　各国における流通チャネル別の有機食品取扱額
（オーストリア、デンマーク、フランス、ドイツ、イタリア、スイス）

資料：Helga Willer, Bernhard Schlatter, Jan Trávníček, Laura Kemper and Julia Lernoud（2020）The European Market for Organic Food, BIOFACH Congress 2020 Nuremberg, Germany. February 12, 2020.

以上のように，オーストリア，デンマーク，スイスといった市場規模の小さな国では，コープが高い市場占有率を有してきた経緯があり，その事業戦略，商品開発が各国政府の有機農業政策と合致したときに有機食品市場は大きく成長したという事例である。

3. 有機食品流通のグローバル化とEU有機規則

(1) 有機食品流通のグローバル化の進展

Willer and Lernoud (2019; 2020) は，世界の有機食品市場は，北米と欧州の2つの地域に9割が集中していることを指摘した。また，きわめて高い成長率で有機食品市場が成長している国があるものの (2017年のフランス18%，スペイン16%，デンマーク15%等)，やはり北米と欧州地域に集中していることを指摘した。このことは，他方で多くのアジア，アフリカ，ラテンアメリカ諸国が輸出国であり続けている構図を暗示する。欧州諸国における有機食品市場の成長は，欧州域内の供給 (欧州域内における有機生産) を刺激している部分はあるが，実際には，有機食品の輸入を増大させているという現実もある。各国の有機食品市場の成長は，図らずも有機食品流通のグローバル化を進展させている。

(2) EU域内への有機製品輸入の現状

EUおよび欧州各国政府は，有機食品流通の円滑化を図る施策や手続きの整備を進めてきた。一義的には，有機食品の真正性 (integrity) を効率的に確保するためであり，有機認証・表示規制が正しく執行されていることを保証するためである。しかし，その一方で，有機食品流通の円滑化は，有機食品の輸入促進という効果もある。

EUでは，EU域内に有機製品を輸入する際，検査証 (Certificate of Inspection: CoI) の添付を義務付けているが，2017年10月からその手続きが電子化されている。そのため，第三国から輸入される有機製品のトレーサビリティが向上するとともに，電子システムを利用したデータ収集，データベース構築が可能となっている。以下では，公表されているデータより，EU域内への有機製品輸入の実態について概観する (European Commision 2019a; European Union 2020)。

EU域内の有機製品輸入国，EU域内への輸出国

　図2-5は，EU加盟国における有機製品輸入の多い上位国を示している。最大の輸入国はオランダで，次にドイツ，イギリス，ベルギーと続いている（イギリスはEUを脱退しているが，ここでは便宜的に含めている）。オランダの有機製品輸入量が圧倒的に多いのは，欧州最大の貿易港（ユーロポート）があるからである。慣行製品と同様に，有機製品もまずオランダに輸入されて，そこから欧州各国へ流通するという流通構造，サプライチェーンの存在が推測される。第7章（李稿）で述べられるように，「緑茶」輸出についてもこのような大きなサプライチェーンの構造の中に位置付けて理解することができるだろう。

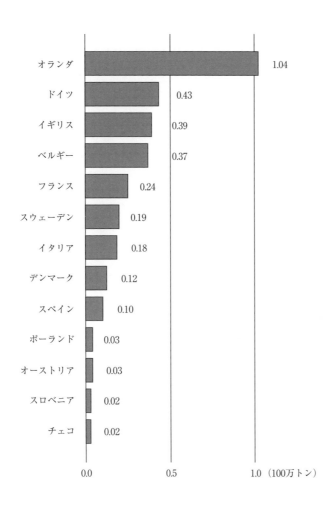

図2-5　EU域内の有機製品の輸入国（2019）
資料：Trávníček et al.（2021c）BioFACH Congress eSPECIAL, February17, 2021.

EU域内への品目別の有機製品輸入量・輸入額

　EU委員会（European Commission 2019a）によれば，2018年のEU域内への有機製品の総輸入量は326万トンである。

　表2-3は，品目別の有機製品輸入量（重量ベース）と構成比を示している。最も輸入量が多いのは「トロピカルフルーツ（生鮮・乾燥），ナッツ，スパイス類」の79万3,597トンで，有機製品輸入量の24.4％を占めていた。続いて「油粕」（35万2,043トン，同10.8％），「穀物（小麦と米以外）」（25万5,764トン，7.8％），「小麦」（24万3,797トン，7.5％），「米」（21万6,017トン，6.6％）の順に多かった。

　表2-4は，品目別の輸入額（金額ベース）の構成比を示している。輸入額が最も多いのは「トロピカルフルーツ（生鮮・乾燥），ナッツ，スパイス類」で27.2％であるが，以下は輸入数量の順位（表2-3）とは違っていて入れ替わりが多い。品目による重量当たり単価が大きく違うためである。

表2-3　EU域内への品目別の有機製品輸入量（2018年）

順位	製　品	数量（トン）	構成比（％）
1	トロピカルフルーツ（生鮮・乾燥），ナッツ，スパイス類	793,597	24.4
2	油粕	352,043	10.8
3	穀物（小麦・米以外）	255,764	7.8
4	小麦	243,797	7.5
5	米	216,017	6.6
6	油糧種子（大豆以外）	192,927	5.9
7	ビート・サトウキビの砂糖	166,328	5.1
8	野菜（生鮮・冷蔵，乾燥）	148,108	4.5
9	果物（生鮮または乾燥）（柑橘・熱帯果物を除く）	147,114	4.5
	その他	742,837	22.8
	焙煎前のコーヒー，茶（バルク）＆マテ茶	(127,940)	(3.9)
	大豆	(105,870)	(3.3)
	果物ジュース	(89,117)	(2.7)
	合　計	3,258,532	100.00

資料：European Commission（2019a）p2, p13.

表2-4　EU域内への品目別の有機製品輸入額の構成比（2018年）

順位	製　　品	構成比（%）
1	トロピカルフルーツ（生鮮・乾燥），ナッツ，スパイス類	27.2
2	焙煎前のコーヒー，茶（バルク）＆マテ茶	9.0
3	果物（生鮮または乾燥）（柑橘・熱帯果物を除く）	7.3
4	米	5.5
5	ココア豆	4.6
6	油糧種子（大豆以外）	3.9
7	油粕	3.6
8	果物ジュース	3.4
9	オリーブ油	3.2
	その他	32.4
合　計		100.0

資料：European Commission（2019a）p2, p13.

EU域内への輸出国別の有機製品輸出量・輸出額

　つぎの表2-5は，EU域内への輸出国別の有機製品輸出量と構成比を示している。最大の輸出国（供給国）は中国で，2018年の輸出数量は41万5,243トン（有機製品の総輸入量の12.7%）であった。続いてエクアドル，ドミニカ，ウクライナ，トルコがほぼ同程度で，それぞれEUの総輸入量の8%ずつを占めていた（Panichi 2020: 142）。

　表2-6は，EU域内への輸出国別の有機製品輸出額（EU側から見ると輸入額）の構成比を示している。金額ベースで最大の輸出国はペルーで，続いて中国であった。中国は，輸出量の構成比は12.7%で第1位であるが，金額ベースでは7.8%にとどまっている。重量単価の低い油粕や加工原材料用の農産物が多くを占めているためである。

表 2-5　EU 域内への輸出国別の有機製品輸出量 (2018 年)

順位	供給国	数量 (トン)	構成比 (%)
1	中国	415,243	12.7
2	エクアドル	278,475	8.5
3	ドミニカ	274,599	8.4
4	ウクライナ	266,741	8.2
5	トルコ	264,218	8.1
6	ペルー	207,274	6.4
7	米国*	170,753	5.2
8	UAE	127,806	3.9
9	インド*	125,807	3.9
10	ブラジル	72,353	2.2
	その他	1,055,262	32.4
	(52) 日本*	(2,756)	(0.1)
	合　計	3,258,532	100.00

資料：European Commission (2019a) p3, p10.
注：* EU の有機同等性協定国

表 2-6　EU 域内への輸出国別の有機製品輸出額の構成比 (2018 年)

順位	供給国	構成比 (%)
1	ペルー	7.8
2	中国	7.8
3	トルコ	6.8
4	ドミニカ	6.8
5	エクアドル	6.5
6	米国	5.6
7	メキシコ	4.3
8	チュニジア	4.1
9	インド	3.8
	その他	46.6
	合　計	100.0

資料：European Commission (2019a) p4.

EU 域内への有機製品輸出国の概況

　EU 域内の有機食品市場に有機製品を輸出する国は，まず EU に登録しなければならない。2018 年の登録国は 115 ヵ国である。おもな輸出国の概況はつぎの通りである (European Commission 2019a)。

　中国：EU 域内に輸出する最大の有機製品は「油粕」で，有機製品輸出量の 74.8％を占める。あとは加工原材料の「大豆」が 5.7％，「油糧種子（大豆を除く）」が 5％である。

　エクアドル：EU 域内への有機製品輸出の 90％は「トロピカルフルーツ（生鮮・乾燥），ナッツ，スパイス類」で，おもにバナナである。あとは「野菜，果物またはナッツ調整品」が 3.8％，「パームおよびパームカーネルオイル」が 2.4％である。また，あとはそれぞれ 1％未満と少ないが「水産物」「カカオ豆」「野菜」等の輸出がある。

　ドミニカ：熱帯産品の輸出国で，90.0％が「トロピカルフルーツ（生鮮・乾燥），ナッツ，スパイス類」で，10％が「カカオ豆」である。

　ウクライナ：欧州において EU 域内への一番の供給国となっている。重要品目は，「穀物（小麦と米を除く）」が 42.8％，「小麦」が 28.5％で，その他では「油糧種子（大豆を除く）」が 10.8％，「大豆」が 5％である。

　トルコ：EU 域内への有機製品輸出の 40％は穀物で，内訳は「小麦」が 19.7％，「穀物（小麦・米を除く）」が 17.8％である。その他では「油糧種子」が 16.9％，「野菜」が 12.9％，「果物」が 11.5％であった (Panichi 2020; Willer and Lernoud 2020: 143) (European Commission 2019a)。

(3) EU による有機製品の輸入管理：CoI と TRACES

　EU 域外から輸入される有機製品は，つぎの制度のどちらかに基づいて輸入されることとなっている。

① 有機同等性の合意国（第三国）から輸入する場合

　各国の有機表示規制について，EU 有機規則との同等性を認めた国（米国，カナダ，日本，韓国，インド，アルゼンチン，オーストラリア，ニュージーランド，コスタリカ，チリ，イスラエル，スイス，チュニジア）で，特定の製品について生産および管理システムが同等と認められる場合。EU 規則 1235/2008 の付属書 III にリストされているカテゴリーのものは，EU 域内に「有機」として輸入し取引することができる。

② 有機検査機関による管理システム

　第三国で活動する民間機関で，有機認証できる能力を有する団体として EU

によって承認され，EU規則付属書IVにリストされた民間機関は，EUに輸出する有機製品の検査を行うことができる。その民間機関の発行した検査証があれば，その有機製品は「有機」としてEU域内に輸入され取引することができる (Panichi 2020: 144-145; European Commission 2019a)。なお，新しいEU規則2018/848では，検査・管理機関はあらためて申請しなければならないことになっている (2021年施行予定であるが執筆時点で未確定)。

EUの電子有機検査証明書：CoI

EUに輸入される有機製品は，上記のいずれかの制度に従って輸入されているが，いずれの場合も検査証明書の添付が義務化されている。さらに2017年10月以降，検査証明書の電子化がすすみ「CoI」(Electronic Certificate of Inspection) が導入されている。CoIは，第三国から輸入される有機製品流通のトレーサビリティを強化するほか，システムを利用したデータ収集，データベース構築を可能とする。前述したEU域内の有機製品輸入の概況は，このデータに基づいている (Panichi 2020: 145)。

CoIのモジュールは，現行の有機規則に沿って開発され，「有機」としてEUに輸入される製品について，サプライチェーンのさまざまな関係者間の情報交換を保証するものとなっている。このシステムは，自動的にCNコード (合同関税品目分類表Combined Nomenclature) が確認されるようになっている。また，上記データの製品分類は，欧州委員会の農業総局 (DG AGRI) が毎月発行する「Monitoring Agri-trade Policy」に基づいており，つぎの6つのクラスとその他に分類される (Panichi 2020; Willer and Lernoud 2020: 145) (European Commission 2019a)。

- 商品 (Commodities)：穀物，植物油と油糧種子，砂糖，粉乳とバター，未焙煎コーヒーとココア
- その他の1次産品 (Other primary)：食肉製品，果物・野菜，乳・ヨーグルト，蜂蜜
- 加工品 (Processed)：チーズ，食肉加工品，ワイン，果物ジュース
- 調理食品 (Food preparations)：乳幼児用食品，菓子，パスタ
- 飲料品 (Beverages)：ビール，スピリッツ，ソフトドリンク
- 非食用品 (Non-edible)：植物，エッセンシャルオイル
- その他 (Moreover)：有機規則は漁業部門の製品もカバーしており，「非農産品」というラベルで報告される

EUの多言語オンライン検疫管理ツール：TRACES

　EUによる有機製品流通の円滑化を進めるシステムとして「TRACES」（取引管理およびエキスパートシステムTRAde Control and Expert System）がある。これは，EUの多言語オンラインの検疫管理ツールで，植物，動物，食品，飼料の取引および輸入の際に求められる検疫証明を担うもので，35の言語で，毎日24時間，無料で利用可能となっている。検査証明書に含まれるすべてのデータを集中化し，取引プロセスの簡素化と迅速化を目的としている。

（4）IFOAMによる有機同等性トラッカー

　Willer et al. (2020b) によれば，欧州の有機製品「輸入業者」数は生産者や加工業者より速いスピードで増加している。EU加盟国に限っても，2018年の輸入業者数は5,000社（人）（前年比9.8％増）にのぼり，ドイツが最多の1,723社であった（Willer et al. 2020b: 228）。

　有機製品の輸入業者数が増加する要因の一つは，政府間による「有機同等性」協定の増加が考えられる。この貿易協定は，第三国（EU域外）から輸入される有機製品の確認手続きを効率化，簡素化し，結果的に流通を円滑化するからである。また有機同等性協定がない国の場合でも，EUが承認する民間認証機関（検査/管理機関）の検査証明書があれば，同様に「有機」として輸入できるので，やはり有機製品の流通を円滑化する。

　ただし，政府間の有機同等性協定があっても，すべての有機製品に同等性が適用されているとは限らない。資材リストの一部に許容されない資材（または使用可否の評価が定まっていない資材）があれば相互に「同等」とはならず，実際には片務的，一方的な状態が生じる可能性がある。「A国からB国に『有機』として輸出は可」，しかし「B国からA国に『有機』として輸出は不可」という制度上の一方通行状態を惹起する可能性がある。資材リストが改定されたり，もともと使用可否をめぐる評価や調整に時間がかかれば，詳細な部分でこのような不都合が生じる可能性がある。また民間の有機認証団体や小売業者が，独自の「上乗せ基準」を設定していると，政府間の同等性協定があっても，民間事業者ベースで「有機」として流通しない可能性もある。Busaccaらが指摘するように，民間の検査機関は，第三国で使用されている植物防除資材や肥料等の評価や検査において柔軟に対応している部分もあるようである（Busacca et al. 2020: 151）。

　IFOAMは，2019年より「有機同等性トラッカー」（Organic Equivalence Tracker）という情報提供を開始している。これは政府間の有機同等性協定の締結状況とその概要に関するオンライン・リストである。トラッカーの情報は，政

府，研究者，貿易業者，有機製品の取引に関心のある事業者が利用できるオンラインのツールとなっている（Busacca et al. 2020: 154）。IFOAMは，2002年からFAOおよびUNCTAD（国連貿易開発会議）と協力して，有機農業における調和化（harmonization）と同等性（equivalence）合意を促す取り組みをしてきた。このような民間セクターの活動もまた有機製品の貿易円滑化を進めてきた。

(5) 有機製品輸入の増大とグループ認証の課題

新しいEU規則2018/848は，施行開始予定が2021年から2022年に延期されたが（執筆時点で再確認はできていない），今次の改定は域内外の多くのステークホルダーに多大の影響を与えることが予測されている。有機同等性が合意されている日本の有機JAS制度にも少なくない影響が予想される。大きな論点はいくつもあるが，その一つに「グループ認証」の問題がある（Busacca et al. 2020）。第8章で述べられる認証制度の評価やPGS（参加型保証システム）といった第三者認証とは別の保証システムの課題にも関わるので，ここでもふれておきたい。

グループ認証の制度概要と論点

グループ認証は，一定数の小規模生産者が組織化され，それを単一の農場・農業経営主体（Entity）とみなして認証するものである。1つの認証書（certificate）でグループ内のすべての生産者が認証されることになり，グループを介することで認証有機製品としての販売が可能となる。現在，グループ認証は開発途上国の生産者に許可されているが，新しい有機規則では，EUを含むあらゆる地域の生産者に許可される可能性が示唆されているという（Busacca et al. 2020: 151）。

小規模生産者が多い途上国では，個々の農場/生産者の販売額が低いので，グループ認証による認証費用の低減効果は大きい。その意味で，グループ認証はそういった生産者（多くは熱帯産品の生産者）に対する「配慮」の制度といえる。したがって，グループ認証を公正に認めるためには，グループに参加できる生産者に関する定義（特定化の条件）がきわめて重要である。新しいEU有機規則では，グループ認証として認められる生産者の具体的な定義が現時点で不明であるが，あらゆる地域の生産者を対象とすることが示唆されており，そのための基準・要件が複雑になるのは必定である。

グループ認証の論争点の一つは，有機農場の現地検査の問題である。グループ認証では，すべての農場に対して毎年の現地検査を義務としておらず，一部の農場検査でグループ全体を代表させている。個々の生産者にしてみれば，現地検査は数年に1度あるかないかという頻度であり，そのような状態ですべての生産者

が生産記録，作業日誌等を常に記帳できるだろうかという疑念が残される。他方，一般の有機認証では，すべての農場が第三者による毎年の現地検査を義務付けられてきたが，今回の規則改正では，この毎年の検査義務が緩和されることが示唆されている。検査は「リスクベース」に基づいて実施されるべきであり，低リスクの農場や事業施設の現地検査は，その頻度を下げてもよいという考え方である。言い換えると，リスクの高い農場を中心に検査を実施するということだが，それではリスクの高い農場はどのようにピックアップされるのか，どの程度の密度と頻度で現地検査を実施すれば適当なのか，といった実施細則の部分での議論がつきない（Busacca et al. 2020: 151）。制度改正に議論は付きものであるが，「配慮」のための制度は例外規定の制定につながるので，どうしても議論を複雑化する。

　なお，IFOAMは有機農家グループを対象とする「内部管理システム」（ICS: Internal Control System）を開発している。ICSを利用したグループ認証によって，認証費用と手続きの負担軽減を可能にし，途上国の小規模農家でも国際有機市場へのアクセスを可能にしている。しかし，こういったシステムもひきつづき検討が必要である。

グループ認証の実態

　発展途上国における「グループ認証」の実態は，公的調査や統計データがないので正確に把握できていない。ただ，FiBL調査（Meinshausen et al. 2019）によれば，「世界の有機生産者数の約80％は低所得国の小規模農場」とされている。彼らが一般的な有機認証を受けることは経済的に難しく，また認証手続きや生産記録等の文書対応も難しいという現状が報告されている。

　このFiBL調査によれば，ICS認証生産者グループは58ヵ国（おもにアフリカ，アジア，ラテンアメリカ）に約5,000のグループがあるという。約260万の有機生産者が組織され，450万haの認証有機農地をカバーしている。ICS認証グループのおもな販売製品は「コーヒー」と「ココア」である。グループの規模は，地域や国によって大きく異なり，最大規模のグループ認証はアフリカで1万人以上の農民が所属するグループである。また，グループ内の農場には中規模，大規模農場も含まれている（Busacca et al. 2020）。

グループ認証の課題

　新しいEU有機規則（EU 2018/848）は，EU加盟国を含めて世界中の「グループ認証」を認めることを示唆しており，詳細な実施規則の検討が必要とされてい

る (Busacca et al. 2020: 161)。しかし，ICS は多数の多様な生産者/農場を擁するグループの内部管理システムであるため，かえって通常の個別農場を対象とする有機認証・検査よりも複雑となる。Meinshausen et al. (2020) によれば，つぎのような課題があり，より明確なガイドラインが求められる。

– 生産者グループの規模について

　　グループは非常に大規模になる可能性がある（1 万人以上の農場によって構成されているグループ認証がある）。したがって，1 グループにおける生産者数に上限は必要ないか，大規模グループはどのように管理可能なのか，に関する明確なルールを設定する。サブグループとその外部管理（検査・監査），検査農場のサンプリング方法等に関する規則を設定する。

– 生産者グループに所属する個別農場の経営規模について

　　個別農場の経営規模に関する規定が必要ではないか。中規模・大規模農場の管理（検査・監査）については詳細な規定を設定する。

– 有機農業普及と人材育成について

　　生産者グループの長期的な継続とコンプライアンスのため，生産者向けのトレーニング・研修が不可欠であり，それをグループ認証プロセスの一環とする。ICS では予算が限られており，内部検査を実施するフィールドオフィサーがグループ内の能力開発のために助言/研修サービスを提供できるようにする。

– 農場データの収集・管理について

　　ICS におけるモニタリング・管理のため，各農場の圃場面積・場所，作付情報等の信頼できる基本データの収集はグループ認証の大きな課題である。生産者グループのデータ収集・管理を向上させるため，デジタルツール，トレーニングを提供する。データは，それぞれ農民とグループにとってより有用で関連性の高いものであることが重要となる。

– 生産者グループの外部検査・管理について

　　グループ認証において，より一貫した要件を適用するためには，追加のガイドラインとより明確なルールが必要である。検査対象農場が少なくても，外部検査が徹底的に行われていることを保証する監査手続き・ルールを確立する必要がある。グループ認証の不適合，罰則に関するガイドラインも必要となるであろう。

(6) EU 有機規則の改正

　2018年6月，欧州議会および理事会は新しい「有機生産および有機製品の表示に関するEU有機規則」（Regulation 2018/848）を採択した。基本法としての性格を持った規則であり，詳細な生産要件，ラベル表示，検査，取引等に関する具体的な要件は，現在も検討が継続されている（2021年1月1日から施行予定であったが延期されている）。

　今次の規則改正の背景と論点はつぎのようなことである。

・有機表示規制（基準・検査認証）に関する同等性協定が，二国間協定（EU-米国，EU-日本 等）として拡大し，EU域外（第三国）からの有機製品輸入が円滑化し，より促進されている
・EU域内の中東欧諸国や，EU域外のロシア，中国，インドといった国々で輸出指向型の有機農業が拡大傾向にある
・しかしながら，第三国から輸入される有機製品には残留農薬等の問題・懸念が生じている
・EU域外の生産者・加工取扱業者に対して，EU域内の有機生産者・事業者と同水準の管理・監査ができているのかが問われている
・上記により，有機製品の「保証・管理システム」自体が問われている（現行の有機検査システムの限界か）
・各国の生産現場にはそれぞれ事情があるとしても，上記のような状況を，EU域内で有機認証を受けている生産者はどのように受けとめているのか

　以上のように，今回のEU有機規則の改正は数多くの論点があり，有機食品市場がグローバル化しているため，EU域外の有機生産者・事業者にも多大な影響がある。同等性協定を締結している第三国の政府も然るべき対応，変更を迫られる可能性があり，その影響はたいへん大きい。

表 2-7　EU 有機規則改正のスケジュール概要

2007 年 6 月	有機生産および表示に関する規則（Council Regulation（EC）No 834/2007），その廃止規則（Regulations（EEC）No 2092/91），有機生産・表示に関する細則（Commission Regulation（EC）No 889/2008）資材ポジティブリストを採択
2008 年	第三国（非 EU 諸国）からの有機製品輸入に関する詳細な規則（Commission Regulation（EC）No 1235/2008）採択
2011 年	現行の有機規則（Regulation（EC）No 834/2007 and its implementing Regulations（EC）No 889/2008 and No 1235/2008）が適用されてから 3 年以内に，欧州委員会（Commission）は有機立法の枠組みを見直すということを決定。影響評価を開始
2012 年 3 月	Commission Regulation（EU）No 203/2012 2012 年 8 月 1 日施行：Regulation（EC）No 889/2008 を補足するもので，有機ワイン製造に関する規則
2014 年 3 月	欧州委員会が，現在の枠組みに代わる新しい有機規制案を発表 農業大臣理事会（Council）と欧州議会（Parliament）が「共同決定」プロセスを開始
2015 年 6 月	欧州理事会が，議長国（ギリシャ，イタリア，ラトビア）法案を討議し「全般的アプローチ」に到達
2015 年 10 月	欧州議会の農業委員会は「有機文書」に関する報告書を採択 いわゆる「三者協議」の交渉開始
2017 年 6 月	18 回の 3 者協議会合，4 理事会議長国（ルクセンブルク，オランダ，スロバキア，マルタ）が文書案に合意
2018 年 4 月	EU 議会による合意文書 Regulation（EU）No 2018/848 の採択
2018 年 5 月	理事会による同上合意文書の採択 Council Regulation（EC）No 834/2007 の改定検討作業の開始
2020 年 6 月	新有機規則（EU 2018/848）公表（予定）
2020 年 11 月	新有機規則（EU 2018/848）施行時期延期を公表 （→ 2021 年 1 月 1 日施行予定）
2021 年 1 月	新有機規則（EU 2018/848）施行（予定）→ 1 年延期
2021 年	新有機規則（EU 2018/848）公表 → 延期
2022 年 1 月	新有機規則（EU 2018/848）施行（予定）
2022 〜 2025 年	新有機規則の移行期間 認証機関が EU 規則を適用し移行するための期間（規則施行から最大 3 年）
2022 〜 2027 年	新有機規則への移行期間 有機同等性が認められている国との協定交渉・移行のための期間（規則施行から 5 年）

注：筆者作成。なお 2021 年以降については，その後の経過により変更の可能性がある

4. EUの有機農業・有機食品市場の成長見通しと将来戦略

　欧州諸国では今後の有機食品市場の成長をどのように見通しているのだろうか，また有機農業の成長戦略をどのように構想しているのだろうか。ここではEUとドイツを中心に述べることとする。

(1) 欧州有機農業の成長見通し（2020-2030）

　EUは，2019年に農業・食品市場全般の中長期見通し（2019-2030）を公表している（European Commission 2019b）。この「農業見通し」では，有機農業と有機食品市場についても言及がある。EUの「Farm to Fork戦略」の公表以前であり，政治目標としての意味合いは少なく，むしろ現状認識の延長上での見通しである。要約すると，つぎのような現状認識と見通しが示されている。

　「EUの有機食品市場は，ここ数年，高い成長率を続けており，EU市場は2017年に343億ユーロに達している。有機農産物の需要は，2030年まで持続的に成長を続けると予想されるが，農業者が有機農産物需要の増大に対応することは明らかに困難であろう。農業者は慣行生産とは異なる生産技術を導入する必要があり，より労働力に依存する必要がある。有機製品の生産コストは高い。有機農業への転換はEU市場の需要の成長ペースに遅れをとっている。ただ，これらの課題にもかかわらず，有機生産は過去10年間で大幅に増加しており，有機市場の高い成長率はまだ有機市場が成熟に達していないことを示している」(European Commission 2019b: 20)。

　EU加盟国の有機農地面積は，2018年に総農地の7%を占めているが，EUの見通しでは2030年までに10%，約1,800万haになると見込んでいる（European Commission 2019b: 20）。この見通しは，2006年から2018年までの年間成長率は5%だったが，つぎの2030年までの年間成長率は3%であるということを意味しており，永年草地と永年作物の成長率を低く予測しているためである。これらの土地利用は，有機転換が比較的容易であり，すでに速いペースで成熟段階に達しているというのが理由でもある。ただし，永年草地・牧草地，永年作物の土地利用の成長率が低くなることは，「飼料」（穀物，油糧種子，シュガービート，豆類が含まれる）の需要増大ペースから大きく遅れることを意味する。飼料の国内生産は伸びるものの，それ以上に増大する需要を満たすことはできず，その分は輸入製品によって補われ，輸入依存度が高まると予測されている。

　以上のことは，有機畜産の見通しにも関わっている。豚および家禽の有機家

畜数はこれまで少なく，2020年の有機家畜数のシェア（推計）は豚が1％，家禽が2％強にとどまる。有機飼料の利用可能性を高めることで有機家畜数の増大が期待されているが，技術的困難もあり，豚の有機家畜数シェアは2030年でも約2％にとどまり，家禽（採卵鶏を含む）は5％まで増加することが予測されている（European Commission 2019b: 20）。

他方，牛，羊・ヤギは反芻動物であり，永年草地・牧草地を最大限活用する畜種である。その有機家畜数シェアは，これまで比較的高かったこともあり，今後は成長が鈍化するという予測である。例外は有機「乳牛」で，これまでと同じ成長率を維持すると予測されている。有機「チーズ」の生産増加が見込まれているためである。ただ，これらの畜種でも有機家畜数シェア（推計2020年）は牛が6％，羊・ヤギが7％であり，2030年でも8〜9％にとどまるという予測である（European Commission 2019b: 20）。全体として，有機家畜数の増加は限定的という見通しである。

(2) ドイツ有機農業の成長見通し（2020-2030）

ドイツの有機食品市場について，AMI調査（Schaack 2020）によってあらためて直近の概況を整理すると，ドイツでは「スーパーマーケット」「自然食品店」「その他」の有機食品販売額が，2018年にそれぞれ64.0億ユーロ，29.3億ユーロ，15.8億ユーロであった。2019年には71.3億ユーロ（前年比＋11.4％），31.8億ユーロ（同＋8.4％），16.6億ユーロ（同＋5.0％）へと成長した。近年の有機食品市場の特徴は，すべての流通チャネルで販売額が増加しているということだが，やはりスーパーマーケットが有機食品市場の成長を最も牽引しており，つぎが自然食品店である。「その他」の販売チャネルは，ファーマーズマーケット等の直接販売が含まれ，新しい購買スタイルである「オンラインショップ」も含んでいるが，ドイツの有機食品市場におけるシェアは相対的に小さい。

(3) ドイツ政府の持続可能性戦略と有機農業

ドイツ連邦政府の食料農業省（BMEL）は，2017年に『有機農業の将来戦略（2020-2030）』（Zukunftsstrategie ökologischer Landbau: ZöL）を発表し，その中で2030年までに国内農地の20％を有機農業にするという目標と，2030年に向けたロードマップを公表した（BMEL 2017a; BMEL 2017b; BMEL 2019）。

この『有機農業の将来戦略（2020-2030）』（以下「有機農業戦略」と記す）は，食料農業大臣のリーダーシップで2015年より検討を開始したもので，大臣が寄せた序文には，食料農業省の問題意識が端的に示されている。要約するとつぎの

ようなことである。

　「有機製品に対する需要は，食品市場全体の成長よりも大幅に速いスピードで成長している。ドイツは，世界で2番目に重要な有機市場であり，ヨーロッパで最も重要な市場である。ドイツの有機農業者は，有機市場の成長が大いに刺激になっているはずだが，その成長に追いついていないところがある。

　有機農業は，中小規模の農家にとって望ましい経済的展望を示しており，また資源節約的で環境にやさしい持続可能な形態の経済活動である。私たちの目標は，国内農業がこの可能性を活かせるようにすることである。有機農業経営にも慣行農業経営にも利益がもたらされることを期待している」(BMEL 2017a: 3)。

ドイツ政府の『持続可能性戦略』

　この『有機農業戦略』の前提になっているのは，先に連邦政府が公表していた『持続可能性戦略』(Bundesregierung 2016) である。ドイツ政府全体として持続可能な発展に向けての基本指針であり，36の領域について指標を定義し，その目標達成に向けて政府はさまざまな取り組みを進めることを宣言したものである。

　農業分野に関する指標は「目標2」に示されている。SDGs 2.「飢餓を終わらせ，食料安全保障とより良い栄養を達成し，持続可能な農業を促進する」に対応するもので，2つの目標が設定されている。

　1つは「2.1.a 土地管理」で，土壌中の過剰窒素の抑制という環境問題に関わる目標である。1 ha当たり70キログラムの削減目標が示されている。もう1つが「2.1.b 有機農業」であった。2030年までに有機栽培面積シェアを20%まで引き上げるという目標が示されている (Bundesregierung 2016: 35)。

　このようにして，政府全体としての取り組みの中で，BMEL (連邦食料農業省) に対して，2017年の初めまでにロードマップを含む有機農業の将来戦略の作成が課されたわけである。

持続可能性戦略が提示した有機農地の面積目標

　連邦政府『持続可能性戦略』(2016) は，有機農業に対する大きな期待を示し，大胆な戦略目標を設定している。この戦略目標をめぐってどのような議論がなされているだろうか。どのような根拠が検討されたのだろうか。

　文書策定段階の当時になるが，2015年のドイツ国内の有機農地面積のシェアは6.3%である。1999年の2.9%を起点にすると，2015年までに有機農地は倍増したことになる。しかし，目標とする20%には遙かに及ばないことは明らかであった (Bundesregierung 2016: 67)。現状の6.3%と2030年目標との間の大

きなギャップについて，連邦政府はどのように考えたであろうか。『持続可能性戦略』における解説のポイントはつぎのようなことであった（Bundesregierung 2016: 67）。

①有機農地の面積シェアは，1999年から2015年の間に2.9％から6.3％に上昇した。これは106万haに相当する。

1999〜2000年当時の成長率は11.9％だったが，最近は3.2％であった。これと同じ成長ペースを想定すると，目標（20％）に達するまでに数十年がかかることになる。他方，

②2013年の農業構造調査によると，バイエルン州の有機農地面積のシェアは21％である。ブランデンブルク州が13％，バーデンヴュルテンベルク州が12％弱で続いている。有機農業への転換状況は州によって実にさまざまである。

③Eurostat（欧州統計）によると，2015年のEU-28ヵ国の有機農地面積は1,114万haで，有機農地面積のシェアが最も高かったのはオーストリアの20.3％で，続いてスウェーデン17.1％，エストニア16.3％，チェコ共和国13.7％であった。

以上のことは，連邦政府の農業研究機関・チューネン研究所の提供資料をもとに補足すると，つぎのようなことである（Thünen-Institut 2017）。

まず図2-6は，ドイツにおける有機食品販売額（有機市場）と有機農地面積の成長を，2000年＝100％として示している。繰り返すが，ドイツ国内の有機農地面積は，2000年から2015年の間に倍増している。しかし，それ以上に有機食品販売額（有機市場）の成長は著しく，2016年に450％を超えて拡大している。大局的な理解として，有機農産物の国内供給は有機市場（需要）の成長に追いついておらず，そのギャップが毎年拡大傾向にある。もちろん販売額は，小売段階における販売数量と製品単価の積なので，単価の比較的高い有機農産物に作目の転換が進んでいれば，有機農地面積の拡大以上に小売販売額の拡大ペースは速くなる。また，小売段階までに付加価値を高める加工度の高い食品が増えれば，やはり小売販売額は大きくなるので拡大ペースは速くなる。しかしながら，そのことを考慮したとしても，2000年から2016年の間に，有機農地面積の拡大は約200％であったのに対して，有機製品の販売額は450％を超えて成長しており，有機製品の需給ギャップが拡大していることが明らかである。

つぎの図2-7は，やはりチューネン研究所による資料であるが，有機農地の毎年の増加面積（ha）の推移を示している。その時々で増加面積の変動幅は大きく，2000年代初頭のように年間8万ha以上増加した年も見られるが，平均では毎年4万ha強の増加であった（上方の点線で図示）。また1990年代から2000年代に

おいては，増加面積が少ない年でもほぼ2万ha（2006年を例外として）は増加していた（下方の点線で図示）。ところが，2010年代以降は増加面積が低下傾向にある（2015年だけ4万ha増加したが）。中長期的に見れば，ドイツの有機農地面積は着実に拡大してきたが，2011年以降はかなりペースダウンしているのである。

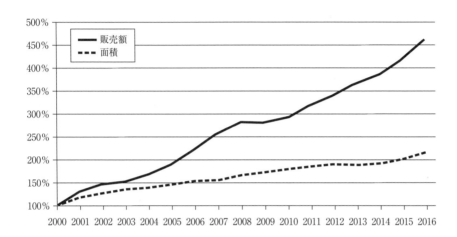

図2-6　ドイツの有機食品販売額と有機農地面積の発展（インデックス2000〜2016）
資料：Thünen-Institut（2017）

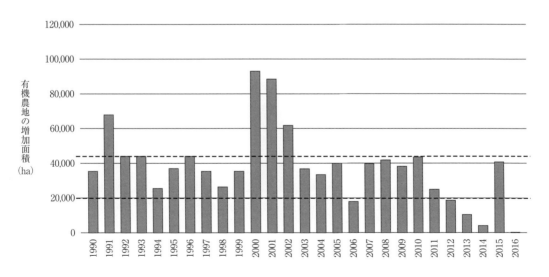

図2-7　ドイツにおける有機農地の年間増加面積の推移
資料：Thünen-Institut（2017）

さらに図2-8は，ドイツにおける2001年から2015年の有機農地の年間平均増加面積をベースにした場合の線形グラフで，今後の有機農地面積の増加見通しを示している。ここでのポイントは，これまでの有機農地面積の成長率を前提とすると，ドイツ政府が目標設定した20％を達成できるのは2085年であるということである。そもそも2030年までに10％にも到達できないことになる。有機農業に対する期待はきわめて大きいが，現状のままでは2030年目標の20％を達成することはほぼ実現不可能となる。有機農業の精神や目指す方向性に反するが，有機製品ほど輸入依存度が高くなってしまう懸念がある。したがって，大胆で緻密な有機農業戦略の構想と計画が最重要課題となっている。

　なお図2-8は，2017年時点の資料であり，データは2015年までのものを基礎にしているが，その後のデータでは有機農地面積の増加ペースが高まっている（本戦略の公表が有機農業界に再成長の気運をもたらしたと推測される）。ドイツの有機農地面積とそのシェアは，2015年が108.8万ha（6.5％）であったが，その後，2016年に125.1万ha（7.5％），2017年に137.3万ha（8.2％），2018年には152.1万ha（9.1％）となり，10％近い成長率で拡大するようになったからである。

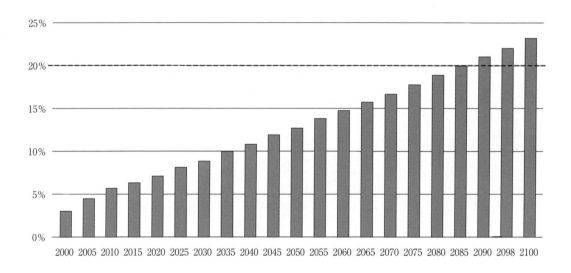

図2-8　2001年から2015年の平均増加面積をベースにした有機農地面積の線形グラフ
資料：Thünen-Institut（2017）

(4) 有機農業将来戦略と民間の有機農業セクター

　食料農業省 (BMEL) が策定した『有機農業戦略』(2017) の設定目標はかなり困難なものである。しかし，テーマ別ワーキンググループが組織され，5つの行動分野と24の施策 (Maßnahme) が示されている。ロードマップも作成されており，2022年には進捗報告書 (経過報告) が作成される予定で，2023年以降が本格的な戦略期間である。

　有機農業戦略の成功の可否を握るのは，民間の有機農業セクターの対応であり取り組みである。再三述べてきたように，有機食品市場の成長と国内有機農業の拡大は両輪となって発展することが望まれている。

　ドイツ政府の有機農業スキームは，2002年に開始されている。また2010年11月，連邦議会で「有機農業およびその他の形態の持続可能な農業のための連邦スキーム」(Bundesprogramm Ökologischer Landbau und andere Formen nachhaltiger Landwirtschaft) が採択され，有機農業・食料セクターの全国組織として「BÖLW」(Bund Ökologische Lebensmittelwirtschaft e.V.) が設立される。

　ドイツでは，伝統的に多くの有機農場がいずれかの主要な有機農業団体に加入しており，主要な有機農業団体はすべてBÖLWの構成団体になっている。表2-8は，BÖLWの構成団体を一覧にしたものである。BÖLWは，有機農業の生産者・加工業者の団体に加えて，小売業界団体も構成員に組織されていることが注目される点であろう。

　BÖLWは，有機農業推進のための重要な資金調達の窓口になっており，普及啓発事業も担っている。食料農業省が毎年刊行している冊子「ドイツの有機農業」の2019年版によれば，食料農業大臣の序文で「BÖLWだけで1,200を超えるプロジェクトに資金を提供し，総資金は1億9千万ユーロに上る」と述べられている。

　BÖLWは，有機農業・食品セクターを代表する業界団体となっており，資金面を含めてさまざまな点で官民のパイプ役を果たしており，きわめて重要な組織となっている。

表 2-8　BÖLW の主要構成団体

有機食品メーカー協会
Assoziation ökologischer Lebensmittelhersteller（AöL）

ビオクライス Biokreis
1979 年発足した有機生産者，食品加工のネットワーク

ビオラント Bioland
ドイツ最大の有機農業協会

ビオパルク Biopark

ナチュラル食品ドイツ連合会 Bundesverband Naturkost Naturwaren（BNN）
有機製品の加工業者，流通業者，卸・小売業者の協会

デメター Demeter
ドイツで最古の有機協会。バイオダイナミック農法の普及，生産物の流通を担う国際的組織

ドイツ・茶＆ハーブティー連合会 Deutsche Tee & Kräutertee Verband
ドイツ茶産業の中心組織

エコランド Ecoland
ホーエンローハー農民協会

エコヴァン連合会 ECOVIN Verband
ドイツ最大の有機ワイナリー協会。ラインヘッセンで 1985 年設立
245 の会員企業，約 2,705ha のブドウ園を耕作（2020 年 12 月現在）

ゲア有機農業連合会 Öko-Anbauverband Gäa
1989 年にドレスデンで設立。BioSuisse，Bioland とも協力関係

ドイツ有機小売業協会 IGBM: Interessensgemeinschaft der Biomärkte in Deutschland
2018 年設立。有機食品専門小売業者の利益団体

ナトゥアラント Naturland
ドイツおよび世界規模の有機団体。会員は世界約 60 ヵ国に及ぶ。ガイドラインは有機農業と
社会的責任，フェアトレードを組み合わせている。その他，森林利用，水産養殖，持続可能
な漁業のガイドライン認証を行う

	ドイツ有機食料品店・ドラッグストア協会 Ökologisch engagierter Lebensmittelhändler und Drogisten（ÖLD） 小売チェーンのメンバー（dm-drogerie markt, Globus, Kaufland, Rewe Group, tegut）
	レフォルムハウス Reformhaus ドイツ，オーストリアの健康食品店を統括する組織。最初の Reformhaus® は 1887 年にベルリンでオープン。生活改革運動に基づき，ナチュラルコスメ等も扱う
	エコヘーフェ連合 Verbund Ökohöfe

注：BÖLW（2021）より作成

5. 米国の有機食品市場とビジネス動向

（1）米国の有機食品市場の概況

米国における有機市場の成長

　米国の民間業界団体OTA（Organic Trade Association）は，調査レポート「オーガニック・インダストリー・サーベイ」を毎年作成し，情報提供を行っている。2019年版によると，2018年の米国における有機市場は，過去最高の売上額525億ドルを記録し，前年比6％以上の成長であった（OTA 2019: 2）。また当調査レポートでは，有機製品を「食品」と「非食品」に分けてデータを示しているが，どちらの有機市場とも最高の売上額を更新したと報告している。2018年の有機「食品」の売上額は前年比5.9％増の479億ドルで，有機「非食品」の売上額は10.6％増の46億ドルであった。米国の同年における「食品」総売上額が2.3％しか増加しておらず，「非食品」のそれも3.7％の増加に過ぎなかったことと比較すると，有機市場は米国の小売業界でもきわめて魅力的な成長分野となっている。米国の食品小売市場において，有機食品のシェアは約6％であるが，その多くが食料品店，大型ボックス店，クラブ制ウェアハウス店，コンビニエンスストア，通販サイト等のあらゆる小売チャネルで取り扱われている。

ミレニアル世代の消費者

　欧米諸国において，有機食品市場および消費動向に大きな影響力を持つ消費者層として「ミレニアル世代」がしばしば注目される。Haumann（2020）によれば，デジタルネイティブ世代の彼らは有機市場における重要な購買層として期待されているという。彼らは情報に通じており，農務省（USDA）の「NOP有機シー

ル」をよく理解していることがある。有機表示は，遺伝子組換え農産物を排除した製品（Non-GMO）を示す唯一の表示であること，有毒な農薬や化学物質，着色料，防腐剤を含まないこと等をよく認識しているという（Haumann 2020: 278）。OTAによれば，消費者層の世代交代が進んでおり，米国の有機食品産業において彼らへのアプローチの重要性が強調されている。

表 2-9　米国における有機製品の販売額・成長率の推移
（2009 年〜 2018 年）

		2009	2010	2011	2012	2013	2014	2015	2016	2017	2018
有機食品	販売額（百万ドル）	21,266	22,961	25,148	27,965	31,378	35,099	39,006	42,507	45,209	47,862
	成長率（%）	4.3	8.0	9.5	11.2	12.2	11.9	11.1	9.0	6.4	5.9
	全有機製品に占める食品（%）	92.2	92.1	92.0	91.9	91.9	91.8	91.6	91.7	91.6	91.3
有機非食品	販売額（百万ドル）	1,800	1,974	2,195	2,455	2,770	3,152	3,555	3,866	4,151	4,589
	成長率（%）	9.1	9.7	11.2	11.8	12.8	13.8	12.8	8.8	7.4	10.6
	全有機製品に占める非食品（%）	7.8	7.9	8.0	8.1	8.1	8.2	8.4	8.3	8.4	8.7
全有機製品	販売額（百万ドル）	23,065	24,935	27,343	30,420	34,147	38,251	42,561	46,373	49,360	52,451
	成長率（%）	4.6	8.1	9.7	11.3	12.3	12.0	11.3	9.0	6.4	6.3

資料：OTA（2019）p3.

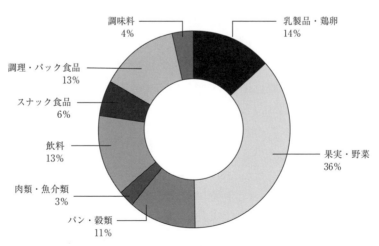

図 2-9　米国における有機食品販売額の品目別シェア（2018 年）
資料：OTA（2019）p3.

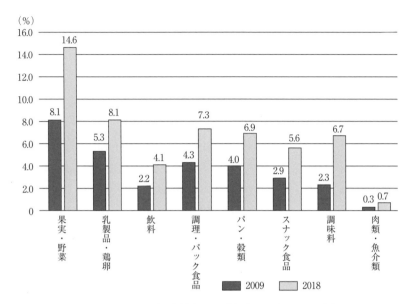

図 2-10　品目別の有機食品浸透率（2009 年，2018 年）
資料：OTA（2019）p19.

米国農務省による有機生産データ

さて，政府による有機農業・有機市場に関する公的データは，農務省農業統計局（NASS: National Agricultural Statistics Service）によって提供されている。最新の有機生産データ（農場および有機販売の特性等）は，2017 年農業センサスによって収集された情報に基づいている。

農業センサス報告書（USDA/NASS 2019）によると，認証有機農場のうち「総販売額の 50％以上が有機生産による」という回答は 11,650 農場で，「総販売額の 50％未満」という回答は 4,301 農場であった。概して，認証有機農場の多くは有機農産物の販売を「主」としており，専業的な有機農場が圧倒的に多いと言える。他方，有機農産物の販売があるものの「年間販売額が 5,000 ドル未満」であるため有機認証免除となっている農場が 2,215 農場であることも報告されている。

また，米国内の全農業者の平均年齢は 57.5 歳であるが，認証有機農場は 50.5 歳であった。有機農業者は，慣行農業者を含む全米平均に比べて 7 歳若いことが報告されている。

なお農務省の「オーガニック・インテグリティ・データベース」によれば，2019 年 12 月時点のデータとして，全米 50 州で 27,777 件の有機事業者（生産者，取扱事業者）の認証記録が含まれているとうことである（Haumann 2020: 278）。

(2) 有機ビジネスの動向

　北米地域の有機食品市場もまた，小規模でローカルな取引からビッグビジネスとしての有機ビジネスまで，さまざまな面を持って展開している。しかし，あえて北米地域に特徴的なことをあげるとすれば，やはりサプライチェーンのあらゆるレベルで活動する大規模事業者（企業）による合併，買収，投資といった大きな動きである (Sahota 2019: 146)。

　以上のような状況は，米国の「New Hope Network/Natural Buzz Today」等の業界オンラインニュースで随時知ることができる。たとえば，米国の有力な有機食品企業「ホワイト・ウェーブ・フーズ」(White Wave Foods) は，カリフォルニアの「アースバウンド・ファーム」(Earthbound Farm) の買収・合併により最大の有機食品供給業者であった。しかし，2016年7月にフランスの多国籍企業「ダノン」(Danone North America) により125億米ドルで買収されている。また2014年に，米国の大手食品会社「ゼネラル・ミルズ」(General Mills) は「アニーズ」(Annie's) を買収するが，そのほかにも有機食品ブランドを保有するようになっている。「ユナイテッド・ナチュラル・フーズ」(UNFI: United Natural Foods, Inc) は，有機食品の大手供給業者であり，ホールフーズ・マーケット (Whole Foods Market) の主要な供給業者として知られている。ところが，2018年7月に「スーパーバリュー」(Supervalu) を買収している。スーパーバリューは，アメリカ国内で約3,000店舗を展開する慣行のスーパーマーケットチェーンであるにもかかわらず，である。

　日本でもよく知られている有機・自然食品のスーパーマーケットチェーン「ホールフーズ・マーケット」(Whole Foods Market) は，全米各地の有機・自然食品店の買収を進め，さらにカナダ，イギリスでも競合企業を買収して世界最大の有機・自然食品の小売チェーンとなっている。ところが，2017年6月に「アマゾン」(Amazon) によって137億米ドルで買収されている。現在，Amazonは「Whole Foods Market 365」および関連プライベートラベルを開発し，ネット通販も加速させている。このようにして，有機食品についてもリアル店舗と通信販売等による販売チャネルのオムニ化が進んでいる。

　OTAレポート (2019) でしばしば述べられているが，米国の有機食品流通（小売業）の中心は，有機・自然食品の専門店から，マスマーケットの小売業者にシフトしているという。有機製品は，コストコ (Costoco) 等の大型ボックス店，オンラインの小売業者，コンビニエンスストア等に浸透しており，これらの企業のブランド成長の機会が変わりつつあるということが指摘されている。また，これらの企業は取扱数量の増加による成長よりも，新規顧客の獲得にいっそう重点を置

くようになっているという指摘がある。ミレニアル世代や幼い子供を持つ家族は有力な顧客層であり，有機プライベートブランドによる顧客の取り込みが重視されるようになっているとの認識が示されている (OTA 2019: 2)。

　北米地域では，大手食品小売業者のほとんどが有機製品の取扱シェアを伸ばしている。それぞれ小売業者は「オーガニック」の自社ブランドを開発しており，自社ブランドの販売額は少なくない。セーフウェイ (Safeway 米国) の「O Organics」や，ロブロー (Loblaws カナダ) の「PC Organics」は有機プライベートラベルの典型である。また米国の食品小売業クローガー (Kroger) は，2017年に「Simple Truth」のプライベートラベル製品の売上が20億米ドルを超えたと発表し，その急速な成功が注目された。「SimpleTruth」ブランドは，オーガニック製品のほかにもナチュラル製品，フリー製品 (「Free-from」と表示される「グルテンフリー」「ケージフリー (鶏卵)」等の製品) といった幅広いカテゴリーで展開している。

　また，以上のようなビッグビジネスとしての有機ビジネスが急成長する一方で，その対極となるファーマーズマーケットやファームショップを通じた消費者への直接販売のケースも見られる。数量的には小さいが，地域によってローカル指向の有機農業の根強い地域 (米国東海岸北東部，米国西海岸等) が見られる (畢 2020)。米国の有機食品市場も重層的であると見るべきである。

(3) 民間組織によるNOP強化に向けた活動

　OTAは民間組織であり，米国内の有機食品産業界を代表する利益団体である。全米有機プログラム (NOP) の強化に向けた政府ロビー活動を展開しているが，とくに現在の主要な取り組みにはつぎのようなものがある (Haumann 2020: 279-281)。

　1つめは，有機産業界の「GROオーガニック」(Generate Results and Opportunity for Organic) という「チェックオフ」プログラムである。2019年に開始したこの取り組みで，Organic Centerおよび業界の多くのオーガニックブランド，企業，リーダーと連携して実施している。150万ドルの投資を募り，つぎの4つの活動を推進している。
- 「有機」に関する消費者への全国キャンペーン
- 「有機」に関する顧客オンライン調査を実施して，20のメッセージング・コンセプトを開発
- 「有機」の技術専門家，有機農家への研修と，その研修を行うトレーナーへの研修 (Organic Agronomy Training Service (OATS) が開講した「train the

trainer」プログラム）の実施
- 「有機農業」と土壌，気候変動に関する試験研究（Organic Center が中心となり，メリーランド大学，カリフォルニア大学バークレー校が協力）

　もう1つは，2019年に業界団体が宣言していた「官民パートナーシップ」の課題である。この前提には2018年農業法があり，有機製品の国際的な貿易追跡システムの近代化と不正防止のため，システム開発への投資が認められていたということがある。完全なトレーサビリティを確保する「電子有機輸入証明書」を求めており，その作業への財政支出が承認されていたのである。
　全米有機プログラム（NOP）は，有機サプライチェーンの監視と施行を強化する目的で，2020年8月に農務省有機規則の改定案を公表した（Kirchner et al. 2021: 154）。改定作業は2021年まで続き，提案されたおもな変更点はつぎの通りであった。
- 取扱業者に対する有機認証免除を減らすこと
- NOP の電子輸入証明書の義務的使用
- トレーサビリティと質量平衡/サプライチェーン監査の向上
- 監視の標準化・強化のための生産者グループ要件の検討

　NOP改定案は，税関，国境警備局との間に省庁間ワーキンググループを設立し，輸入有機製品の信頼性を検証することとしている。先進国を中心に有機同等性協定が増えてきたが，このような取り組みは，先のEU有機規則の改正とともに，有機食品の国際貿易だけでなく各国における有機食品市場にもさまざまな影響を与えると見られている。

畢滔滔（2020）『シンプルで地に足のついた生活を選んだヒッピーと呼ばれた若者たちが起こしたソーシャルイノベーション：米国に有機食品流通をつくりだす』白桃書房．

BMEL（2017a）Zukunftsstrategie ökologischer Landbau: Impulse für mehr Nachhaltigkeit in Deutschland（Februar 2017）. Bundesministerium für Ernährung und Landwirtschaft（BMEL）: Berlin.

https://www.kas.de/c/document_library/get_file?uuid=cb6f5ab0-cf46-c90f-aa8f-e01834caa906&groupId=262284

BMEL（Federal Ministry of Food and Agriculture）（2017b）Extract from the "Organic Farming – Looking Forwards" strategy: Towards Greater Sustainability in Germany, February 2017. Bundesministerium für Ernährung und Landwirtschaft（english version）.

http://www.bmel.de/EN/Services/Publications/publications_node.html

BMEL（2019）Zukunftsstrategie ökologischer Landbau: Impulse für mehr Nachhaltigkeit in Deutschland（2. Auflage; Januar 2019）. Bundesministerium für Ernährung und Landwirtschaft: Berlin.

https://www.bmel.de/SharedDocs/Downloads/Broschueren/Zukunftsstrategie-oekologischer-Landbau.pdf;jsessionid=02CE6104B84C84F99583760578A196EF.2_cid288?__blob=publicationFile

BMEL（Federal Ministry of Food and Agriculture）（2021）Organic Farming in Germany: As of February 2021. Bundesministerium für Ernährung und Landwirtschaft: Berlin（english version）.

https://www.bmel.de/SharedDocs/Downloads/EN/Publications/Organic-Farming-in-Germany.pdf?__blob=publicationFile&v=4

BÖLW（2021）Branchen Report 2021（Bundesprogramm Ökologischer Landbau und andere Formen nachhaltiger Landwirtschaft – BÖLW）.

https://www.boelw.de/fileadmin/user_upload/Dokumente/Zahlen_und_Fakten/Broschüre_2021/BÖLW_Branchenreport_2021_web.pdf

Bundesregierung（2016）Deutsche Nachhaltigkeitssrategie: Neuauflage 2016., 1. Oktober 2016（soweit nicht anders vermerkt）Kabinettbeschluss vom 11. Januar 2017.

https://www.bundesregierung.de/resource/blob/975274/318676/3d30c6c2875a9a08d364620ab7916af6/2017-01-11-nachhaltigkeitsstrategie-data.pdf?download=1

Busacca, Emanuele, Flávia Moura E Castro, Joelle Katto-Andrighetto and Beate Huber（2020）Public Standards and Regulations. Willer, Helga, et al. eds.（2020）The World of Organic Agriculture Statistics and Emerging Trends 2020. FiBL and IFOAM, p150-158.

Carlson, Andrea and Edward Jaenicke（2016）Changes in Retail Organic Price Premiums from 2004 to 2010, ERR-209, U.S. Department of Agriculture, Economic Research Service, May 2016.

European Union (2018) EU Regulation No 2018/848 of the European Parliament and of the Council of 30 May 2018 on organic production and labelling of organic products and repealing Council Regulation (EC) No 834/2007.

http://data.europa.eu/eli/reg/2018/848/oj

European Commission (2019a) Organic imports in the EU: A first analysis -Year 2018. EU Agricultural Market Briefs, No 14, March 2019.

https://ec.europa.eu/info/sites/info/files/food-farming-fisheries/farming/documents/market-brief-organic-imports-mar2019_en.pdf

European Commission (2019b) EU agricultural outlook for markets and income, 2019-2030. European Commission, DG Agriculture and Rural Development, Brussels.

https://ec.europa.eu/info/sites/info/files/food-farming-fisheries/farming/documents/agricultural-outlook-2019-report_en.pdf

European Commission (2020) Farm to Fork Strategy – for a fair, healthy and environmentally-friendly food system.

https://ec.europa.eu/food/farm2fork_en

European Union (2020) EU imports of organic agri-food products: Key developments in 2019. EU Agricultural Market Briefs No 17. June 2020.

https://ec.europa.eu/info/sites/info/files/food-farming-fisheries/farming/documents/market-brief-organic-imports-june2020_en.pdf

European Union (2021) EU imports of organic agri-food products: Key developments in 2020. EU Agricultural Market Briefs No 18. June 2021.

https://ec.europa.eu/info/sites/default/files/food-farming-fisheries/farming/documents/agri-market-brief-18-organic-imports_en.pdf

Federal Government of Germany (2017) German Sustainable Development Strategy – 2016 version, adopted by the Federal Government on 11 January 2017.

www.deutsche-nachhaltigkeitsstrategie.de

Greene, Catherine, Gustavo Ferreira, Andrea Carlson, Bryce Cooke, and Claudia Hitaj (2017) Growing Organic Demand Provides High-Value Opportunities for Many Types of Producers. Amber Waves, February 06, 2017. United States Department of Agriculture, Economic Reseaerch Service.

Haumann, Barbara Fitch (2020) Us Organic Sales Break Through 50 Billion Dollar Mark. Willer, Helga, et al. eds. (2020) The World of Organic Agriculture Statistics and Emerging Trends 2020. FiBL and IFOAM, p278-282.

Haumann, B. F. (2021) US Organic Sales Break Through 55 Billion Dollar Mark. Willer H. et.al eds. (2021) The World of Organic Agriculture Statistics and Emerging Trends 2021. FiBL and IFOAM. P284-288.

IFOAM-EU Group (2018) The new EU organic regulation, what will change? Position Paper released on 14 June 2018.

IFOAM-Organics International (2019) Equivalence Tracker. FEBRUARY 1, 2019.

https://www.ifoam.bio/en/organic-equivalence-tracker

Kirchner, Cornelia Kirchner, Joelle Katto-Andrighetto and Flávia Moura E Castro (2021) Organic Agriculture Regulations Worldwide: Current Situation. Willer H. et.al eds. (2021) The World of Organic Agriculture Statistics and Emerging Trends 2021. FiBL and IFOAM. p152-157.

Kuchler, Fred, Catherine Greene, Maria Bowman, Kandice K. Marshall, John Bovay, and Lori Lynch (2017) Beyond Nutrition and Organic Labels—30 Years of Experience With Intervening in Food Labels, ERR-239, U.S. Department of Agriculture, Economic Research Service (ERS), November 2017.

Meredith, S., Lampkin, N., Schmid, O. (2018) Organic Action Plans: Development, implementation and evaluation, Second edition, IFOAM EU, Brussels. https://orgprints.org/32771/1/IFOAMEU_Organic_Action_Plans_Manual_Second_Edition_2018.pdf

Meinshausen, Florentine, Toralf Richter, Beate Huber, and Johan Blockeel (2019) Group Certification - Internal Control Systems in Organic Agriculture: Significance, Opportunities and Challenges. Project: Consolidation of the Local Organic Certification Bodies – ConsCert (2014-2018) // March 2019. Research Institute of Organic Agriculture (FiBL), Frick.

Meinshausen, Florentine, Toralf Richter, Beate Huber, and Johan Blockeel (2020) Internal Control Systems in Organic Agriculture: Significance, Opportunities and Challenges. Willer, Helga, et al. eds. (2020), The World of Organic Agriculture Statistics and Emerging Trends 2020. FiBL and IFOAM, p159-163.

OTA (2018) Organic Iundustry Survey 2018. Organic Trade Association: Washington D.C.

OTA (2019) Organic Iundustry Survey 2019. Organic Trade Association: Washington D.C.

Panichi, Elena (2020) Organic imports in the European Union 2018: As first analysis. Willer, Helga, et al. eds. (2020), The World of Organic Agriculture Statistics and Emerging Trends 2020. FiBL and IFOAM, p142-148.

Sahota, Amarjit (2019) The Global Market for Organic Food & Drink. Willer H. et al. eds. (2019), The World of Organic Agriculture Statistics and Emerging Trends 2019. FiBL and IFOAM, p146-149.

Sahota, Amarjit (2020) The Global Market for Organic Food & Drink. Willer H. et al. eds. (2020), The World of Organic Agriculture Statistics and Emerging Trends 2020. FiBL and IFOAM, p138-141.

Sahota, Amarjit (2021) The Global Market for Organic Food & Drink. Willer H., Trávníček, Meier and Schlatter eds. The World of Organic Agriculture Statistics and Emerging Trends 2021. FiBL and IFOAM, p136-139.

Sanders, Jurn (2017) Impulse für 20 Prozent Ökolandbau, Ökologie & Landbau, SÖL 2017. p42-43.

Schaack, Diana (2020) The Organic Market in Germany -Highlights 2019. Biofach Congress 2020, Nürnberg. February 12, 2020.

Soil Association Certification (2021) Organic Market 2021.

Trávníček, Jan, Helga Willer and Diana Schaack (2021a) Organic Farming and Market Development in Europe and the European Union. Willer H. et.al eds. (2021) The World of Organic Agriculture Statistics and Emerging Trends 2021. FiBL and IFOAM. p229-266.

Trávníček, Jan, Bernhard Schlatter, Claudia Meier nad Helga Willer (2021b) Organic Agriculture Worldwide: Key results from the FiBL survey on organic agriculture worldwide 2021, Part 1: Global data and survey background. https://www.organic-world.net/fileadmin/images_organicworld/yearbook/2021/ Presentations/FiBL-2021-Global-data-2019.pptx

Trávníček, Jan, Diana Schaack and Helga Willer (2021c) Organic Agriculture in Europe: Current statistics. BioFACH Congress eSPECIAL, February 17, 5 PM https://www.organic-world.net/fileadmin/images_organicworld/yearbook/2021/ Presentations/willer-2021-02-17-5pm-europe-hw-JT-hw-16-9-hw-hw-hw_01.pdf

Trávníček, Jan, Diana Schaack and Helga Willer (2021d) The Global Market for Organic Food. BioFACH Congress eSPECIAL, February 18, 2021. https://orgprints.org/39367/1/travnicek-etal-2021-02-18-2pm-european-market-final. pdf

Thünen-Institut (2017) Zukunftsstrategie Ökologischer Landbau: Die wichtigsten Informationen kurz erklärt. https://www.thuenen.de/de/thema/oekologischer-landbau/zukunftsstrategie- oekologischer-landbau/

USDA/NASS (2019) , 2017 Census of Agriculture United Staes: Summary and State Data. Volume 1, Geographic Area Series, Part 51. United States Department of Agriculture, National Agricultural Statistics Service.

Varini, Federica and Xhona Hysa (2021) , The Power of Public Food Procurement: Fostering Organic Production and Consumption. Willer, H. et al. eds. (2021) The World of Organic Agriculture Statistics and Emerging Trends 2021. FiBL and IFOAM. p170-178.

Willer Helga and Julia Lernoud eds. (2015) (2016) (2017) (2018) (2019) (2020) The World of Organic Agriculture Statistics and Emerging Trends. FiBL and IFOAM.

Willer, Helga, Bram Moeskops, Emanuele Busacca, Léna Brisset, and Maria Gernert (2020a) Organic in Europe: Recent Developments. Willer, H. et al. eds. (2020) The World of Organic Agriculture Statistics and Emerging Trends 2020. FiBL and IFOAM, p218-226.

Willer, Helga, Bernhard Schlatter, and Diana Schaack (2020b) Organic Farming and Market Development in Europe and the European Union. Willer, H. et al. eds. (2020) The World of Organic Agriculture Statistics and Emerging Trends 2020. FiBL and IFOAM, p227-264.

Willer Helga, Jan Trávníček, Claudia Meier and Bernhard Schlatter eds. (2021a) The World of Organic Agriculture Statistics and Emerging Trends 2021. FiBL and

IFOAM.

Willer, Helga, Bram Moeskops, Emanuele Busacca, Léna Brisset, Maria Gernert and Silvia Schmidt (2021b) Organic in Europe: Recent Developments. Willer H. et.al eds. (2021a) The World of Organic Agriculture Statistics and Emerging Trends 2021. FiBL and IFOAM. P219-228

World Bank (2017). Assessing public procurement regulatory systems in 180 economies. Benchmarking Public Procurement. www.worldbank.org

第3章

欧米諸国の有機市場データの収集実態と日本における課題

第3章 | 欧米諸国の有機市場データの収集実態と日本における課題

谷口 葉子

1. はじめに

　有機農業を題材とする研究，とりわけ社会科学分野の研究においては，有機農業の生産過程における公共財供給への期待から，その生産・消費の広がりによって社会厚生の増大を図ることを明に暗に目的に据える場合が多い。しかし，有機農業を対象とする研究は，長年その需給の動向を示すデータが乏しく，計量経済学的手法による分析が困難であると考えられてきた。また，市場全体の趨勢を掴むことも難しいため，研究に取り組むにあたって前提とすべき事項も不確かさが付きまとってきた。たとえば，国内の有機食品市場が欧米諸国や中国と比べて小規模であるという見方は共通認識となりつつあるが，国内市場の規模については，筆者の知る限り2010年から6年間，推計の試みはなく，実際のところは把握が難しい状況であった。また，これまで行われてきた市場推計の多くが単発的なものであり，時系列データを産出する定期的な調査は行われてこなかった。近年では2017年に農林水産省や矢野経済研究所が市場推計を行っているが，日本の有機食品市場がどのような推移を示しているかについては判断が難しい状況である。

　国内に有機食品市場の趨勢を知る手掛かりがまったくないわけではない。たとえば，国内の生産量については，JAS法下の有機認証制度で報告が義務付けられている格付数量や登録圃場面積からその動向を知ることは可能である。しかし，外国産の有機農産物・有機加工食品については，2010年までは格付数量全体に占める日本への出荷量が公表されておらず，格付数量と国内の流通量が大きくかけ離れた状態であった。また，国産・外国産を問わず，有機農産物として格付されたもののうち，加工・外食等の業務需要については現在も不明なままである。輸出量も特定の輸出先国・地域を除いて公表されておらず，総量を正確に知るこ

とはできない。穀類や大豆といった貯蔵性の高い農産物や加工食品については，格付された年の翌年以降に消費されるものも多い。そのため格付数量は市場の趨勢を推し量る上での一材料にはなり得ても，指標としては厳密さを欠いている。

2. 調査方法

　上記のように日本国内には有機食品市場の規模や推移を示すデータが不足しているが，問題はそれだけではない。国内ではこれまで，収集されたデータの信頼性に関する議論はおろか，諸外国のデータとの比較可能性の検討がほとんど行われてこなかったのである。今後，データ収集システムを整備していく上では，高いデータ品質と諸外国との比較可能性が確保された形で行うことが望ましい[1]。そのため，本稿ではまず，データ品質と比較可能性の向上を目指してEUで実施された研究プロジェクト「有機市場の透明性の向上のための欧州データネットワークの構築」（通称：OrganicDataNetwork）（2012年〜2014年）の成果を参考に，欧州における有機市場データの収集に関する諸議論について整理する。また，比較的信頼性の高いデータ収集を行っていると考えられるドイツとフランス，および世界最大の有機市場を持つアメリカで実施したヒアリング調査や文献調査をもとに，これらの国における実際のデータ収集方法について報告する。最後に，欧米諸国におけるデータ収集の実態をふまえて，日本の有機市場データの収集のあり方について提言を述べる。

　なお，ドイツとフランスでのヒアリング調査は2019年2月15日から20日にかけて実施した。ドイツでは有機市場データの収集に携わっている調査会社 Agrarmarkt Informations-Gesellschaft mbH（以下「AMI」）の Diana Schaack 氏，長年関与してきたカッセル大学の Ulrich Hamm 教授にインタビューを行った。フランスでは有機市場データの収集に携わっている半官半民の組織 Agence Bio の Dorian Flechet 氏，質的調査を中心に実施しているコンサルティング会社 Ecozept の Burkhard Schaer 氏にインタビューを実施した。アメリカでは，農務省で有機市場研究に従事する Catherine Greene 氏および統計局で有機市場データの収集に従事する Adam Cline 氏に対してインタビューを実施した。ドイツ，フランス，アメリカにおけるデータ収集の実態は，とくに断りのない限り，上記の諸氏によるインタビューの結果を取りまとめたものである。

3. 欧州における有機市場データの収集状況

(1) 現状と課題

　まず，OrganicDataNetworkの成果報告より，欧州全体における有機市場データの収集状況や調査手法を概観したい。まず，収集されているデータの種類を見てみると，EUでは，法律上，国への報告が義務付けられている有機農業の生産面積や事業者数，家畜飼養頭羽数についてはすべての加盟国でデータ収集されている。それに加えて，欧州ではほとんどの国で有機食品の市場規模（小売総額）に関するデータが公表されている（Gerrard et al. 2012）。しかし，外食に関するデータを公表しているのはフランス，イタリア，デンマークのみであり，品目別の小売販売額や輸出入額のデータを収集している国はごく僅かである[2]。

　データ収集の方法としては，小売店舗から収集されたPOSデータ，消費者パネルから収集された購買履歴データ，流通業者等を対象とするアンケート調査を用いる場合が多く，主要国の多くはこれらを複数組み合わせて調査している。加えて，専門家に対するインタビューやデルファイ法などの質的方法論を採用する国もある。Home et al.（2017）によると，小売総額の把握方法として欧州で最もよく採用されているのが消費者パネルによる購買履歴データであり，調査対象となったデータ収集機関のうち，38％が採用している（図3-1）。電子メールを用いたサーベイ調査を採用している機関も33％と多く，次に面接調査（21％），専門家へのインタビュー（21％），小売パネル（POSデータ）・電話調査（17％）が続く。

　しかし，欧州においても，有機市場データの品質や比較可能性には課題が多く，データ収集の充実化の必要性が指摘されてきた。Gerrard et al.（2012）によると，欧州域内もデータ収集の方法論や具体的な実施方法，用語やその定義，商品分類の方法，データが収集される流通段階（卸売・小売・家計段階）等が異なり，比較可能性の乏しさが問題視されている。たとえば，商品分類にあたって，デンマークは標準国際貿易分類（SITC），チェコは欧州共同体生産物分類（CPA）を使用しており，民間の調査会社は独自の分類方法を採用している。さらに，民間の調査会社は頻繁に商品分類の変更を行い，小売金額等の経時的変化の把握を困難にしている。また，データ利用者のニーズが高い生産量や小売金額の詳細，貿易量，小売価格といった重要なデータを収集している国は少なく，ニーズとの適合性が高いとはいえない点も課題とされている。さらに，公表されているデータは集計値である場合が多く，重要な情報がその集計過程で失われてしまっている。

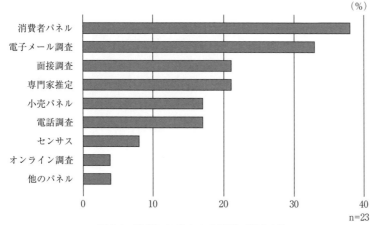

（%）

図3-1　欧州における小売総額の調査方法

資料：Home et al.（2017）

(2) OrganicDataNetwork と OrMaCode

　欧州では，2000年前後から有機市場統計に関連する数々の研究プロジェクトが実施され，議論が展開されてきた。中でも2003年〜2006年に実施された「有機市場に関する欧州情報システム」（EISfOM）プロジェクトでは，データ収集システムの望ましいあり方に焦点が当てられた。その成果を受け，2012年から2014年にかけて実施されたのが「有機市場の透明性の向上のための欧州データネットワークの構築」（通称：OrganicDataNetwork）である。OrganicDataNetworkは，データの入手可能性の改善や，透明性の改善，データ利用者のニーズの反映を目的として，計11ヵ国のデータ収集機関や調査機関の参加の下に実施された。そこでは欧州各国の有機市場データが照合され，6つの事例においてデータ収集システムのレビューが実施された。

　OrganicDataNetworkの成果として，2014年に有機市場データの収集システムの構築者に向けた方法論や遂行上の指針である「OrMaCode」が公表された。OrMaCodeは「A. 背景説明」，「B. 実践規約」，「C. 市場データ収集システムの現状」，「D. データ収集の方法」，「E. 参考文献」の5項目により構成されている。このうち，「OrMaCode実践規約」（表3-1）は質の高いデータ収集とその比較可能性を高めるための指針について有機市場データの収集機関に向けて書かれたものである。この規約は，EUで定められ，欧州統計局やEU加盟国政府も従っている欧州統計実践規約（ESCP）に準拠したもので，ESCPと同様の15の原則（Principles）と指針（Indicators）から成り立っている。その要点としてつぎの5点について整理しておきたい。

表 3-1　OrMaCode 実践規約

原　則		原則と指針に含まれるポイント
原則 1	専門的独立性	データ収集機関の専門的独立性
原則 2	データ収集の義務	データ収集の法的な強制力，権限
原則 3	資源の十分性	効率性の高い情報収集システムの構築，人材教育，予算の十分性
原則 4	品質約束	データ品質へのコミットメント，第三者による定期的なレビュー
原則 5	統計的秘匿性	情報提供者の匿名性や秘匿性の確保
原則 6	公平性と客観性	データの科学的独立性，客観性，専門性および透明性の確保
原則 7	堅実な方法論	手続き・分類・定義の統一，専門的スタッフの雇用，専門能力の育成
原則 8	適切な統計手続き	適切な方法論の採用，詳細な方法論の公開
原則 9	過重でない回答者負担	過度な回答者負担の禁止，効率的な回答方法，異目的の調査の統合
原則 10	費用効率性	資源の有効活用，情報システムの活用
原則 11	適合性	利用者のニーズへの対応，利用者の意見の機会，モニタリング
原則 12	正確性と信頼性	データの一貫性，定期的なレビュー，複数の情報源，クロスチェック
原則 13	適時性と時間厳守性	適時的なアクセス，タイムラグの最小化，時系列データの推奨
原則 14	整合性と比較可能性	内的整合性の保持，データの比較可能性の確保
原則 15	アクセス可能性と明瞭性	データへの容易なアクセス，ICT の活用，オンライン公開

注：各原則のタイトルは水野谷（2011）の「欧州統計実践規約」（仮訳）を参考にした

複線的データ収集とクロスチェック

　クロスチェックの実施の必要性や重要性は，原則6（公平性と客観性），原則12（正確性と信頼性），原則14（整合性と比較可能性）にて言及されている。クロスチェックとは複数の情報源から得られたデータを照合して一貫性や信頼性を確認する作業のことで，異なる手法による推計値の比較（調査データに基づく推計と業界に詳しい専門家が考える規模感が一致するか等），内的整合性のチェック（各地域における生産量の合計が国全体の生産量に一致するか等），対前年比（当年

と前年のデータの比較），対慣行比（慣行栽培品データとの比較），需給バランス計算（国内の消費総額＝販売総額＋輸入総額－輸出総額）などの作業が含まれる。中立性を確保するため，クロスチェックはデータ収集機関に直接雇用されていない，独立した個人が実施することが望ましく，チェックは定期的に実施されるべき，とされている。

比較可能性の確保

OrMaCode実践規約ではデータが内的整合性を持ち，異なる国，地域，データ収集機関，データ収集時期の間で比較可能であることを求めている（原則7（堅実な方法論），原則8（適切な統計手続き），原則14（整合性と比較可能性））。データの区分方法としてはEurostatが採用している欧州共同体生産物分類（CPA）を採用することが推奨されている。またデータの区分だけでなく，最低限収集すべきデータの種類や，データ収集の手続きで用いられる言葉や概念についても統一化させることを強く推奨している。さらに，市場データの収集，データの入力，コード化の手続き，および統計的処理の方法については，詳しく解説され，一般に公開されるべきであるとされている。異なる年次に収集されたデータ同士が比較可能性を有している（時系列データの整合性）ことは非常に重要であり，手続きの変更は極力控えるべきであるとされている。

情報システムの積極的活用

OrMaCode実践規約において求められる，資源の十分性（原則3），過重でない回答者負担（原則9），費用効率性（原則10），適合性（原則11），アクセス可能性と明瞭性（原則15）において，情報システム（ICT）の積極活用が推奨されている。

専門家の介在

品質約束（原則4），公平性と客観性（原則6），堅実な方法論（原則7），正確性と信頼性（原則12）といった原則においては，研究者による方法論や分析結果の確認，専門家によるデータのエラーのチェック，定期的なレビューの実施，クロスチェックの実施等が求められており，いずれも統計学や統計調査に詳しい研究者やアナリストがデータ収集作業に参画することの必要性を指摘している。

有機市場データ収集システムの構築の必要性

原則1（専門的独立性），原則3（資源の十分性），原則7（堅実な方法論），原則9（過重でない回答者負担），原則11（適合性）に含まれる，データ収集機関の独

立性の確保や調査員の質の確保，調査に必要な資源の確保，調査の重複の回避，データ利用者にとっての高い有用性や利便性といった原則の順守は，単独のデータ収集機関だけでは対応しきれないものである。そのため，OrMaCode実践規約は暗に，データ収集は調査機関や業界団体，研究者といった複数の機関から成るネットワークの連携の下に行われるべきであり，有機市場全体を俯瞰しながらデータ収集システムを構築していくことが必要であることを示している。

(3) ドイツの有機市場データ収集システム

　次に，ドイツで実施されている市場推計のための調査や推計の方法についてみていきたい。ドイツでは，調査会社のAMIを中心に有機市場データの収集が行われている。AMIは調査会社のGfKから消費者パネル（登録モニター）がスキャンした購買履歴データ，別の調査会社のNielsenからは小売店舗から集めたPOSデータ（有機専門流通を除く），コンサルティング会社のBioVistaやKraus Braunから有機食品の専門流通における小売データ，流通業者でつくる業界団体のBNNから卸売データを収集している。AMIは他の調査会社や研究機関，コンサルティング会社，業界団体（BÖLW）とともにタスクフォース（Albeitskreis Bio-Markt）を結成し，有機食品市場の規模を推定するほか，複数のデータソースより入手したデータのクロスチェック作業を行っている。

　2004年以降，有機食品の小売総額の推定においてベースとなっているのはGfKの消費者パネルより収集された購買履歴データである。購買履歴データは，パネルとして登録された消費者へ携帯型のスキャナーが渡され，都度の購買において商品のバーコード（EANコード）をスキャンしてデータ記録が行われるため，スーパーだけでなく，ベーカリー，精肉店，宅配，ファーマーズマーケットといった，幅広いチャネルでの購買を捕捉できる。購買履歴データは通常，バーコードの付された商品のデータしか収集されないが，GfKでは消費者が携帯型端末に手入力でデータ記録できるようにすることで，野菜や果物のようなバーコードの付されていない商品についてもデータ収集されている。

　ただし，調理済み食品や店頭でカップに注ぐタイプの持ち帰りコーヒーについては消費者パネルデータに反映されていないことが多い。また，消費者パネルはアルコール飲料や菓子類といった，過剰な消費が推奨されない品目については，購買を申告しない傾向があるとされている。こうした欠点を補うためにNielsenが提供するPOSデータを用いたクロスチェックが行われている。

　欧州で用いられているEANコードは日本のJANコードと同じ13桁の数字であり，コード自体には有機か否かを識別する情報は含まれない。しかし，ドイツ

ではGfKやNielsenがメーカーへの問い合わせを通して有機食品を特定し，その情報をバーコードと紐づけることで，購買データに識別情報が付帯できるようになっている。ただし，問い合わせを行った調査担当者の思い込みにより誤って有機商品であると登録されてしまうことがある。そのため有機市場に通じた専門家が「センス・チェック」と呼ばれる作業を実施し，誤って登録された商品がないかどうかを確認している。

　ドイツでは有機市場規模の推定にあたって，有機認証を受けた食品のみを対象としている。ドイツではほぼすべての有機農家が有機認証を受けており，こうした措置は問題とならないと考えられている。また，「転換期間中」の有機食品やギフトセットに含まれる有機食品等の売上，外食や小売店舗のイートインでの売上も対象外である。

　オーガニックショップ等の専門流通における有機食品の売上データはコンサルティング会社のBioVistaやKraus Braunが収集している。BioVistaのデータは約400件のクライアントから得られたPOSデータを集計したものであり，野菜や果物等の量り売り商品の売上も推計されている。しかし，POSレジを設置しているオーガニックショップに限定されることから，データの提供者は比較的規模の大きな業者に偏りがちであるという。一方，Kraus Braunは独自の調査によりデータを収集しているが，大手はその調査に加わらない傾向があるため，小規模な店舗に偏りがある。そのためいずれもバイアスのあるデータとなるが，両者を突き合わせることによって信頼性の高い推計となるよう努力が払われている。

(4) フランスの有機市場データ収集システム

　フランスでは有機農業団体や政府機関を構成団体として運営されるAgence Bioがコンサルティング会社のAND International（ANDi）の協力の下，有機市場規模の推定を行っている。データは調査会社のIRIが提供する流通パネルデータ（POSデータ），オーガニック専門流通業者に対して実施されるアンケート調査，その他の小売スキームに対してAgence BioやANDiが実施する各種調査（オンライン，郵送および電話調査）により収集される。

　IRIのPOSデータはスーパーマーケットチェーンのみから収集される。しかし，IRIデータの商品カバー率は70％と言われており，ワインや青果物等の量り売り商品の売上は含まれない。そのため，ワインと青果物については別の調査で把握が試みられている。また，IRIデータにはディスカウンターのデータが含まれないため，ANDiがインタビュー調査および価格調査のデータ等より推定を行っている。オーガニック専門流通チェーンに対しては，主要10社に対しAgence Bio

とANDiが共同で調査を行い，そのデータに基づき全体の推計を行っている。個人経営のオーガニックショップやベーカリー等のアルチザンを含む小規模小売業者については，起業時に申告される登記情報により母集団が把握されており，Agence BioとANDiが実施するサンプル調査を通して全体の推計が行われている。

　生鮮の有機野菜や有機果物については，業界団体のInterfelが調査会社のKantarが提供する12,000世帯の消費者パネルのデータを用いて14種の青果物のみデータを収集し，有機青果物市場の規模を推定している（Gerrald et al. 2014）。母集団全体の推計を行う際には消費者の年齢・性別・居住地・就業状況等の属性を考慮し，推計の正確性を高めている。しかし，Interfelの推計にはジャガイモやバナナといった重要な品目が含まれておらず，過小評価となっている。その他，フランス全国酪農経済センター（CNIEL）がIRIのデータに基づき有機牛乳および有機乳製品の市場推計を行っており，クロスチェックに用いられている（Gerrald et al. 2014）。

　ドイツと同様，フランスも市場推計の対象は有機認証品に限られている。しかし，フランスは小売総額に外食部門における売上を含んでいる点で，ドイツと異なっている。学校給食や病院等公共機関の食堂については政府が実施する全数調査により売上データの把握が可能であり，民間の飲食店についてはサンプル調査を実施し，全体の売上額が推計されている。

4. アメリカの有機市場データ収集システム

(1) OTAによるデータ収集

　アメリカの有機食品市場規模については，業界団体であるOrganic Trade Association（OTA）が毎年，オーガニック業界のトレンドをまとめた報告書「Organic Industry Survey」で公表している。OTAでは報告書の取りまとめにあたって，製造業者に対するアンケート調査を実施し，卸売販売額（品目別・チャネル別），輸出額，雇用状況，その他のデータを収集しているほか，POSデータ（調査会社のSPINSやIRIより購入したもの），別団体（NFM）が実施している年次調査，株式公開会社の財務資料，専門家へのインタビュー，報道関係資料等，網羅的に情報収集し，市場推計の精度を高める努力を行っている（OTA 2018）。

　OTA（2018）によると，製造業者対象のアンケート調査を実施しているのは健康食品・自然食品の業界紙「Nutrition Business Journal」（NBJ）を発行する出版社内のリサーチ部門である。アンケート調査はオンライン上で配布・回収されて

おり，未回答者に対してはメールや電話による催促が行われている。2017年の市場推計のための調査は2018年1月25日から3月26日にかけて実施され，250社以上が回答した。このアンケート調査は無作為抽出ではなく，回答を通した自己選定式となる。上位40社から50社の製造業者およびPB商品のデータを取得することにとくに力を注ぎ，できるだけ回答者全体の市場占有率が高くなるようにデータを回収している。生産，加工（OEMを含む），卸売，小売（生協，CSA，ファーマーズマーケットを含む）のすべての流通段階で調査が実施されているとあるが，それらすべてが上記のアンケート調査の一環であるのか，別な調査が行われているのかについては明確な記述がない。OTA（2018）にはアンケート調査以外の調査の方法論や市場規模の推計方法について記述がなく，信頼に値するデータが得られているか否かの評価は困難である。ただし，推計結果の頑強性を確保するため，各社の公表資料をはじめ網羅的に情報収集することに努力が払われており，念入りなクロスチェックが行われていると推察される。

（2）NBJによるデータ収集

　上に述べたように，OTAが公表している市場推計はNBJに実施を委託しているアンケート調査がおもな情報源となっていると考えられるが，NBJも独自に調査を実施し，報告書を発行している。NBJが採用している方法論について記述したPenton Medoa（2016）によると，NBJではIRIやNielsenのPOSデータを調査の出発点としつつ，創業以来に築いてきた独自のネットワークを生かして，流通事業者を対象とするアンケート調査を実施している。その結果に基づいて製品カテゴリ別の売上推計とチャネル別の売上推計を行い，両者を突き合わせて推計の正確性を確認している。加えて，一部の大手小売チェーン（CostcoやWhole Foods Market等）や小規模店舗における売上はPOSデータで捕捉できないため，独自の調査も実施しているとのことである。

5. 日本の有機市場データ収集への示唆

（1）データ収集の方法

　欧州で取りまとめられたOrMaCode実践規約は，データ品質の確保やデータ間の比較可能性の向上のために推奨される原則が網羅的に示されており，日本の有機市場データの収集活動にも大いに参考になる。しかし，その実施には多大な資金と各関係機関からの協力を要し，容易に達成可能なものではないと考えられる。

ドイツ，フランスで実施されている有機食品の市場規模の推計に用いられる
データの中では，ドイツのGfKが収集している消費者パネルによる購買履歴デー
タが最も網羅的であり，かつ母集団に近似したパネル構成であることから，最も
理想的な調査手法であると考えられる。とくに日本の場合はチャネルを問わず
JANコードが一般的に採用されているため，ドイツやフランスのように専門流
通での売上を把握するために別の調査を実施する必要がない。しかし，購買履歴
データには特有なバイアス（アルコール飲料の過小申告等）も存在するため，ド
イツやフランスで行われているようにPOSデータ等によるクロスチェックの実
施が推奨される。

　日本国内における市場推計において最大の課題は生鮮野菜や米のようなバー
コードの付されていない商品の小売金額の推定であろう。現在，国内の調査会社
が実施する消費者パネルによる購買履歴データはバーコードの付いた商品のみが
収集の対象となっており，青果物・米について正確な小売販売額を把握すること
はできない。したがって，これらの品目の小売販売額については，別途，調査を
実施して推定を行う必要がある。

　その方法としては流通事業者へのインタビューや農家を対象とするアンケート
調査等が考えられる。中でも，日本の有機食品市場では宅配業者や農家個人・団
体による宅配といった直売ルートを通じた販売が比較的大きな割合を占めるため，
農家を対象とするアンケート調査は必須であると考えられる。加えて，流通業者
や製造業者，専門家等を対象とするインタビューやアンケート調査を実施して，
購買履歴データと農家アンケートで得られた推計の結果と突き合わせたり，足り
ないデータを補ったりすれば，高い信頼性と網羅性を確保できる。

　購買履歴データやPOSデータを利用する場合のもう1つの問題点は，日本に
は国内で流通する有機食品のリスト（バーコードの一覧）が存在しない点である。
商品の有機属性を識別して抽出することができなければ，有機食品の小売販売額
の集計を行うことができない。このリスト化の作業を誰かが担い，新製品を追加
したり，有機でなくなった商品を除外したりする等のメンテナンスを行っていく
必要がある。有機食品市場の規模がある程度大きければ，有機か否かの識別情報
に一定の経済的価値が生まれ，調査会社が自らの事業の一環としてリスト化の作
業を担えるようになるだろう。それまでの間，リスト化とそのメンテナンスを誰
が行い，その費用をどのように賄っていくのか，市場推計の恩恵を受けるステー
クホルダー間での検討が必要である。

(2) 欧米との比較可能性

ドイツ，フランス，アメリカでは，有機認証を取得した商品のみを対象として市場規模の推定が行われていた。ドイツ，フランスで流通する有機食品は，ほぼすべてが有機認証を取得しており，認証を受けていなければ有機食品とはみなされない。アメリカでも，非認証取得者の売上額は全体から見ればごく微小であり，集計から除外しても差し支えがないという。しかし日本では，有機認証を取得していない農家が多く，2010年に行われた推定ではその数は有機農業を営んでいる農家全体の3分の2に及ぶ（MOA自然農法文化事業団 2011）。また，主要な原材料が有機であっても，有機認証を取得していない加工食品が少なくない。その状況下で，欧米諸国と同様に有機認証を受けた商品のみを対象に市場推計を行うと，データ利用者のニーズと齟齬をきたしてしまう可能性がある。一方，諸外国との比較可能性を確保するには認証取得品のみを対象とすることが望ましい。したがって，日本では認証品のみを対象とする推計と，非認証品を含む推計の両方を行わなければ，データ利用者のニーズを満たせない可能性がある。

また，市場推計に外食部門を含めるか否かについても検討を要する。外食部門については，ドイツやアメリカでは推計から除外されているが，フランスなど一部の国では推計に含まれている。世界の有機農業や有機食品市場のデータについて取りまとめ，毎年発行されている『World of Organic Agriculture』では，市場規模を示す「小売総額」として外食部門を除外した推計値を公表している（Willer et al. 2020）。これらのことから，市場規模の国際比較を目的とする場合は，多勢に合わせて外食部門を除外した小売総額を用いることが望ましい。一方，外食部門の売上額に対するデータ利用者のニーズが高い場合は，市場推計に含めるか否かにかかわらず，別途外食部門に関わるデータも収集してその売上額の規模を推計し，利用者のニーズに応えることが望ましい。

以上，述べてきたように，有機食品市場のデータ収集の方針や方法論については，盲目的に特定国のやり方を真似ていればよいものではなく，日本の実状に合わせて，また国内のデータ利用者のニーズを考えながら，合意形成を図っていく必要がある。そのためにも，農業団体や流通業者，研究者，調査会社，政府機関等の幅広いステークホルダーが参画するデータ収集のプラットフォームを形成して，有機市場データの充実化を図っていくことが求められている。

注
1) データ品質とは「意思決定の判断や評価において効果的に，経済的に，迅速的に使用できるデータの能力」と定義づけられ，①公表された情報が正確で，信頼でき，偏ってないことを示す「客観性」，②想定されたユーザーにとって使い勝手がよいかどうかを示す「実

用性」，③データが不正に改ざんされたり歪められたりしていないことを示す「高潔性」がその評価基準であるとされている (Karr et al. 2005)。

2) ただし，EUではEU域外からの輸入データについては輸入の際に求められる検査証明が電子化されたことで2018年から輸入先国別・商品分類別の輸入数量の把握と金額の推定が行われるようになっており，2019年には欧州委員会より『Organic imports in the EU』という報告書が公表されている (Willer et al. 2020)。

文献

Gerrard, C. L., Home, R., Vieweger, A., Stolze, M. and Padel, S. (2012) D2.1 Report on data collectors: Inventory of data collecting and publishing institutions. Derivable 2.1, 7th Framework Programme, Data network for better European organic market information.

Gerrard, C. L., Vieweger, A., Alisir, L., Bteich, M. -R., Cottingham, M., Feldman, C., Flechet, D., Husak, J., Losták, M., Moreau, C., Rison, N., Pugliese, P., Schaack, D., Solfanelli, F., Willer, H. and Padel, S. (2014) Appendices to D 6.7 report on the experience of conducting the case studies, SEVENTH FRAMEWORK PROGRAMME, FP7-KBBE.2011.1.4-05. Data network for better European organic market information.

Home, R., Gerrard, C., L., Hempel, C., Losták, M., Vieweger, A., Husák, J., Stolze, M., Hamm, U., Padel, S., Willer, H., Vairo, D. and Zanoli, R. (2017) The quality of organic market data: providing data that is both fit for use and convenient. Organic Agriculture, 7 (2) 141-152.

Karr A.F., Sanil A.P. and Banks D.L. (2005) Data Quality: A Statistical Perspective. NISS Technical Report, Nr. 151. Research Triangle Park, NC: National Institute of Statistical Sciences.

水野谷武志 (2011)「欧州統計システムにおける統計品質活動の到達点」『北海学園大学経済論集』58 (4) 77-93.

MOA自然農法文化事業団 (2011)『有機農業基礎データ作成事業報告書』.

Organic Trade Association (2018) 2018 Organic Industry Survey.

Penton Medoa, Inc. (2016) The story behind the numbers: NBJ's data model and methodology. Nutrition Business Journal.

Willer, Helga, Bernhard Schlatter, Jan Travnicek, Laura Kemper and Julia Lernoud Eds. (2020) The World of Organic Agriculture: Statistics and Emerging Trends 2020. Research Institute of Organic Agriculture (FiBL) : Frick and IFOAM-Organics International: Bonn.

日本における有機農産物・食品市場の構造と規模

第4章 日本における有機農産物・食品市場の構造と規模

酒井 徹

1. はじめに

　日本国内の有機農産物・食品市場の構造と規模を分析するにあたり，2018〜2019年度に，有機農産物・食品を取り扱う事業者を対象にヒアリング調査を実施した。続いて2019〜2020年度は，有機農産物・食品の流通経路ごとに，全国の事業者を対象とするアンケート調査を実施した。具体的な調査対象は，有機農産物・無添加加工食品等の専門流通業者，自然食品店，生活協同組合，有機・自然志向の食品製造業者，有機・自然志向の卸売業者，有機・自然志向の飲食店，農産物直売所，一般の食品製造業者，一般の飲食店，一般の宿泊事業者，一般の給食事業者，一般のスーパーマーケット，その他百貨店や青果物小売業者などの小売業者，貿易商社である。

　それらの調査結果に基づき，有機農産物・食品の市場構造と市場規模について推計を行った。本章では，以上のアンケート調査とその推計結果の概要を述べることとする。

2. 有機食品市場アンケート調査の実施概要

(1) アンケート調査の時期と対象

　2019年10月〜2020年1月に，有機食品を積極的に取り扱う流通業者，製造業者，飲食店の約2,600事業者を対象とするアンケート調査を実施した。専門小売業者，自然食品店，専門卸売業者，生協，食品製造業者，飲食店については，調査票を郵送で配布・回収した。

　また，それとは別に，一般のスーパーマーケットを対象にアンケート調査を実

施した。これは，全国スーパーマーケット協会，日本スーパーマーケット協会，オール日本スーパーマーケット協会で毎年実施しているスーパーマーケット年次統計調査と併せて調査票を配布・回収したものである。

さらに，2020年10月〜2021年1月に，農産物直売所，一般の食品製造業者，一般の飲食事業者，一般の宿泊事業者，一般の給食事業者，一般の小売業者，貿易商社の約5,100事業者を対象とするアンケート調査を実施した。これらはすべて郵送で配布・回収した。

(2) 調査項目

調査項目はつぎの通りである。

（全業種共通項目）

①事業内容，事業形態，経営形態，年商，食品取扱額

②有機食品の取り扱いの有無

③有機食品の取り扱い開始時期

④有機食品取扱額・食品取扱額中の有機食品割合

⑤取り扱う有機食品中の有機JAS表示割合

⑥有機食品の品目別取扱額と取扱額割合

⑦有機食品の品目別仕入先別割合

⑧課題

（業種別項目）

⑨小売業・製造業：年商の変化

⑩卸売業：販売先別販売額割合，輸入品割合

(3) 配布・回収および有機食品の取扱状況

アンケート調査票の配付・回収数，有機食品の取扱状況を業種ごとに見るとつぎの通りである。

①専門小売業者・自然食品店：配布756，回収87，うち有機食品取扱82（94％）

②生協：配布241，回収32，うち有機食品取扱17（53％）

③専門卸売業者：配布116，回収19，うち有機食品取扱18（95％）

④有機・自然志向の食品製造業者：配布286，回収78，うち有機食品取扱67（86％）

⑤有機・自然志向の飲食店：配布294，回収19，うち有機食品取扱16（84％）

⑥一般スーパー（大手GMS除く）：配布904，回収149，うち有機食品取扱66（44％）

⑦農産物直売所：配布900, 回収223, うち有機食品取扱46（21%）

⑧一般食品製造業者：配布2,361, 回収379, うち有機食品取扱81（21%）

⑨一般飲食・宿泊・給食事業者：配布1,070, 回収83, うち有機食品取扱17（20%）

⑩一般小売業者：709, 回収31, 有機食品取扱16（52%）

⑪貿易商社：配布70, 回収7, 有機食品取扱2（29%）

　有機食品を取り扱っている事業者の割合を見ると，有機農産物・食品を積極的に取り扱う専門流通業者や自然食品店，有機・自然志向の食品製造業者や飲食店では8割を超え，生協やスーパーでは5割前後，農産物直売所や一般の食品製造業者，飲食店，宿泊業者，給食事業者などでは2割前後となっている。

　なお，上記①，③，④，⑤など有機農産物・食品を積極的に取り扱う事業者では，自社における有機農産物・食品の取扱割合を把握している事業者が多いものの，⑥～⑪のような一般の事業者では，自社における有機食品の取扱状況を把握している事業者が少ない。しかしながら，有機JAS認証を受けていない「有機農業により生産された農産物」やそれらを主原料にした加工食品の流通量は一定のボリュームがあることが伺える。

　なお，以下の図表・数値はすべて本調査の結果に基づいている。

3. 事業形態・分野ごとにみた有機食品の取扱動向

（1）専門小売業者・自然食品店
回答者の概要

　専門小売業者や自然食品店の事業形態は，91%が店舗による販売であり，38%が配達，28%が通信販売も行っている。小売業に加え，飲食店を開設している事業者が19%，弁当等の調理食品や惣菜等を販売している事業者が15%，他の小売事業者等に卸している事業者が35%となっている（図4-1）。

　創業年は，1990年代が最も多く29%となっている。続いて1979年以前が27%，1980年代が22%と続いている。2000年以降が比較的少なく，有機JAS表示制度導入前から創業している事業者が多いことがわかる（図4-2）。

　経営形態は，株式会社が36%，個人経営が35%で，有限会社が20%となっており，株式会社としていない個人経営の割合が比較的高い（図4-3）。

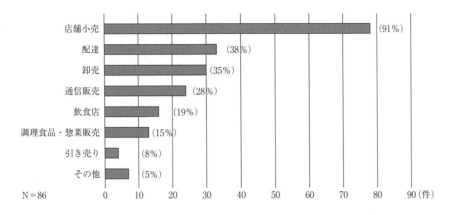

図 4-1　専門小売業者・自然食品店の事業形態（複数回答）

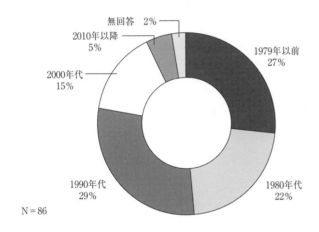

図 4-2　専門小売業者・自然食品店の創業年

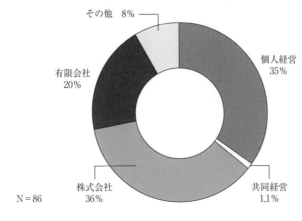

図 4-3　専門小売業者・自然食品店の経営形態

店舗数は，1店舗の事業者が81%，2店舗が9%と，店舗数が少ない事業者が高い割合を占めている。ただし，10店舗以上の事業者も3%存在する。専門小売業者や自然食品店の店舗数は，一般の小売業者に比べて少ないと言える。

年商は，1,000万円未満から5,000万円台の事業者が70%を占めており，2,000万円台から5,000万円台がボリュームゾーンとなっている。1億円以上の事業者は2割ほどである（図4-4）。

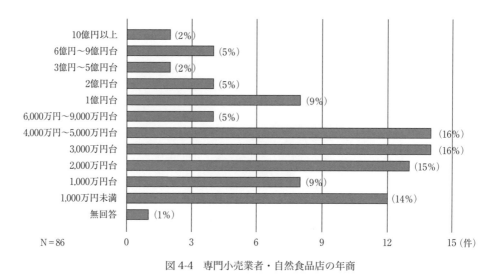

図4-4　専門小売業者・自然食品店の年商

なお，10年前と比較した年商の変化は，1割以上減少したと回答した事業者が55%と過半を占め，1割以上増加したと回答した事業者（24%）を大きく上回っている（図4-5）。

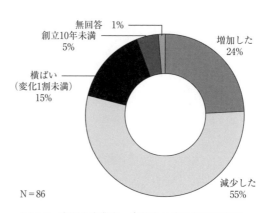

図4-5　専門小売業者・自然食品店の年商の変化

食品販売額は，1,000万円未満の事業者が20％と最も多くなっており，販売高が増加するほど事業者数が少なくなる傾向にある。1,000万円未満から5,000万円台で事業者の73％を占めており，1億円以上の事業者は18％となっている（図4-6）。

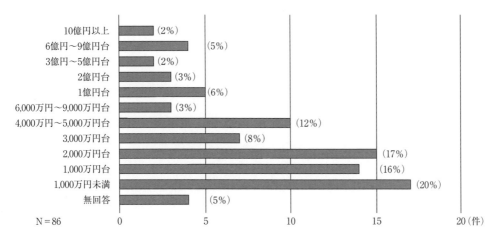

図4-6　専門小売業者・自然食品店の食品販売額

有機食品の取扱状況

　有機食品の販売の有無については，販売があったとする事業者が95％を占めており，ほとんどの事業者が取り扱ったことがある。

　有機食品の年間販売額は，500万円未満の事業者が33％と最も多く，500万円〜900万円台が14％，1,000万円〜2,000万円台が21％と，これらを合わせて68％を占める（図4-7）。

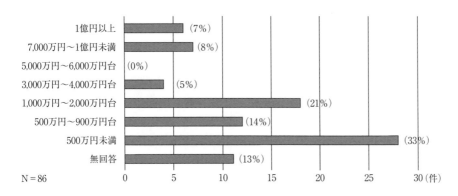

図4-7　専門小売業者・自然食品店における有機食品の年間販売額

食品販売額の全体に占める有機食品の割合は，有機割合10％未満の事業者が14％で最も多いものの，事業者によってバラつきが大きく，10％未満から40％台までが44％，50％台から90％以上も44％と同割合である。また，無回答が12％であった。ヒアリング調査から，取扱金額や割合を把握していない事業者が少なくないと考えられる（図4-8）。

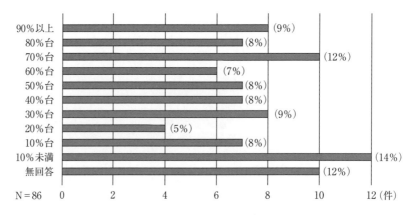

図4-8　専門小売業者・自然食品店における食品中の有機割合

　取り扱っている有機食品のうち，有機JAS表示をしている商品の割合については，無回答の事業者が17％で最も多くなっており，十分把握されていないことが読み取れる。また，食品販売額に占める有機食品割合と同様にバラつきが大きく，10％未満から40％台までを合わせて40％，50％台から90％以上を合わせて41％とほぼ同割合となっている（図4-9）。

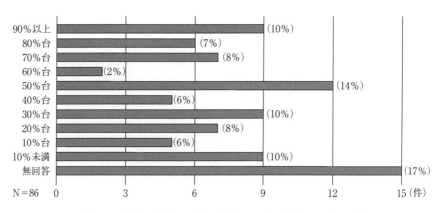

図4-9　専門小売業者・自然食品店における有機JAS表示の割合

有機食品の品目別販売高は，1社平均で青果物が2,417万円と最も高く，次に加工食品が2,068万円となっており，それ以外の米，飲料，乳製品・畜産物，その他のいずれも1,000万円未満となっている。専門小売業者と自然食品店で取り扱う有機食品の品目が青果物と加工食品を中心としていることがあらためて確認された（図4-10）。

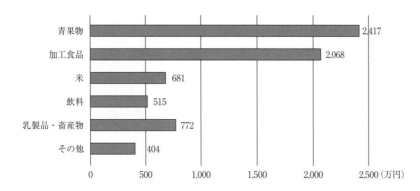

取扱事業者数：青果 54，加工 60，米 45，飲料 45，乳・畜 27，その他 27

図 4-10　専門小売業者・自然食品店の品目別有機食品販売高（1社平均）

有機食品の割合は，品目により傾向が異なる。

青果物については，取り扱う農産物のうち有機農産物（JAS有機表示をしていないものを含む）の割合が90％以上であるとする事業者が28％と最も多く，有機割合が50％台から90％以上と回答した事業者を合わせて61％を占めており，有機割合が高いと言える（図4-11）。

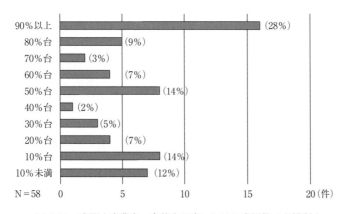

図 4-11　専門小売業者・自然食品店における青果物の有機割合

加工食品については，有機加工食品の割合が80％台とする事業者が17％と最も多くなっているが，バラつきが大きく，10％未満から40％台を合わせて50％，50％台から90％以上を合わせて48％と，ほぼ同割合となっている（図4-12）。

　米については，有機米の割合が90％以上であるとする事業者が38％と最も多くなっている。その一方で，10％未満であるとする事業者も29％と多く，10％台から80％台の事業者が2％～8％となっており，両極に偏っている（図4-13）。

　飲料については，有機飲料の割合が10％未満であるとする事業者が36％と最も多くなっている。一方で，90％以上と回答した事業者も17％おり，米ほどで

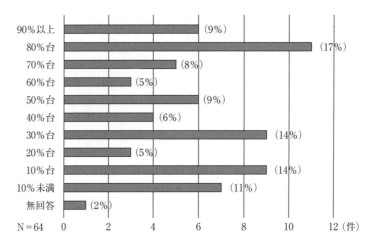

図4-12　専門小売業者・自然食品店における加工食品の有機割合

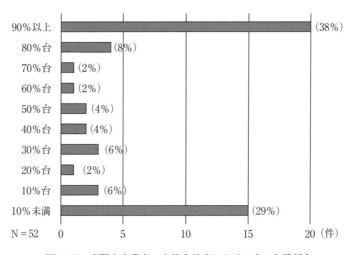

図4-13　専門小売業者・自然食品店における米の有機割合

はないが両極に偏っている（図4-14）。

　乳製品・畜産物については，有機食品の割合が10％未満であるとする事業者が45％を占めており，取り扱いの少ない事業者が多い。一方で，90％以上であるとする事業者も28％おり，飲料と同様の傾向となっている（図4-15）。

　その他の食品については，有機食品の割合が10％未満であるとする事業者と50％台であるとする事業者がともに20％で最も多かった。10％未満から40％台が44％，50％台から90％以上が56％と，取扱割合はやや高めとなっている（図4-16）。

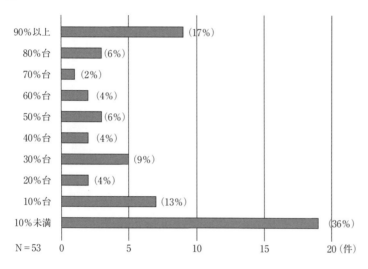

図4-14　専門小売業者・自然食品店における飲料の有機割合

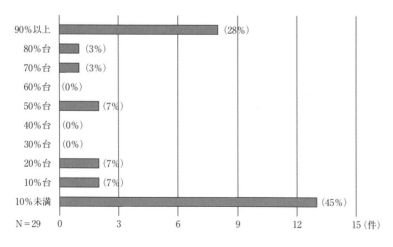

図4-15　専門小売業者・自然食品店における乳製品・畜産物の有機割合

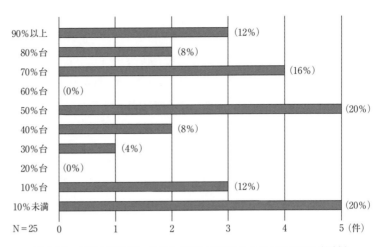

図 4-16　専門小売業者・自然食品店におけるその他の品目の有機割合

　有機食品の仕入先を品目ごとに把握するため，品目ごとにおもな仕入先を3つ設定し，各仕入先からの仕入割合を「8割以上」，「6～7割」，「4～5割」，「2～3割」，「2割未満」の5段階で尋ねた。

　有機加工食品は，おもな仕入先を①専門卸売業者（ムソー，創健社，オーサワジャパン等），②一般の食品卸売業者，③メーカーから直接，の3つとした。具体的な数値は割愛するが，専門卸売業者からの仕入割合で最も多い回答が「8割以上」，一般の食品卸売業者からの仕入割合で最も多い回答が「2割未満」，メーカーからの直接仕入割合で最も多い回答が「2割未満」であった。これらから，有機加工食品の仕入れの多くは専門卸売業者からとなっており，続いてメーカーから直接，および一般卸から，となっていると考えられる。

　生鮮有機青果物の仕入先は，①生産者（団体）から直接，②専門流通業者（ビオ・マーケット，マルタ等），③卸売市場，の3つとした。生産者（団体）からの仕入割合で最も多い回答が「8割以上」であるが，「2割未満」とする回答も多く，専門流通業者からの仕入割合も「2割未満」と「8割以上」で二極化している。卸売市場からの仕入割合で最も多い回答は「2割未満」であった。これらから，生鮮有機青果物の仕入先は，生産者（団体）から直接が最も多く，次に専門流通業者であり，この2つのシェアが高いと考えられる。

　有機米の仕入先は，①生産者（団体）から直接，②米穀卸売業者，③専門流通業者，の3つとした。生産者（団体）からの仕入割合で最も多い回答が「8割以上」で，米穀卸売業者からの仕入割合で最も多い回答が「2割未満」，専門流通業者からの仕入割合で最も多い回答が「2割未満」であるが，「8割以上」も多い。これらから，

有機米の仕入れは生産者（団体）からが最も多く，続いて専門流通業者から，米穀卸から，の順になっていると考えられる。

（2）生協

　全国の生活協同組合のリストに基づき，アンケート調査票を241生協に配布し，回答を得た32生協のうち，有機食品取扱高の重複カウントを回避するため生協連合会を除き，その他に職域生協，学校生協，食品の取り扱いがない生協を除いた15生協の回答を集計した。

回答者の概要

　生協の事業形態は，共同購入が13件（87%）で最も多く，店舗小売は10件（67%）となっている。個別配達を実施している生協も9件（60%）となっており，複数の事業形態をとっている生協が多い（図4-17）。

　生協の創立年は，1979年以前が80%と最も多く，1980年代が13%，1990年代と2000年代はなく，2010年以降が7%となっており，専門小売業者・自然食

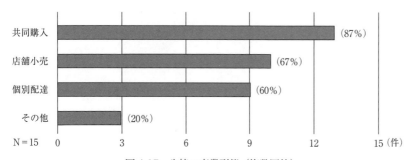

図4-17　生協の事業形態（複数回答）

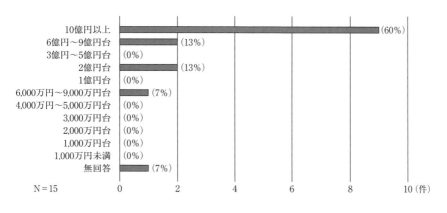

図4-18　生協における食品供給高

品店と比較すると創立が早く，30年以上経過している事業者が多い。

1生協（単協）当たりの食品供給高は，10億円以上が60％と最も多く，商品供給高よりも分布が若干下方にシフトするものの，無回答を除くすべての生協が6,000万円以上となっており，専門小売業者・自然食品店よりも1事業者当たりの食品供給（売上）額が大きい（図4-18）。

有機食品の取扱状況

有機食品の供給は，すべての生協で供給実績があった。有機食品の供給開始時期については，1990年代が40％で最も多く，1979年以前が20％，1980年代が13％と，専門小売業者の創業年よりも若干遅く供給を開始している（図4-19）。

有機食品の年間供給高は，1億円以上とする生協が27％と最も多いが，500万円未満も20％となっており，バラつきが大きい。無回答も20％となっており，専門小売業者・自然食品店と同様，把握していない事業者も少なくないものと考えられる（図4-20）。

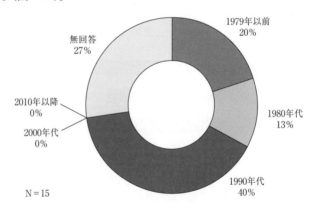

図 4-19　生協の有機食品供給開始時期

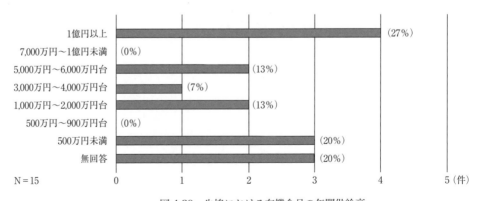

図 4-20　生協における有機食品の年間供給高

食品供給高に占める有機食品割合は，10％未満と回答した生協が73％となっており，それ以外は無回答となっている。専門小売業者・自然食品店よりも有機食品の取扱割合は低くなっている。

取り扱う有機食品のうち，有機JAS表示をしている商品の割合は「90％以上」と回答した生協が47％と最も多く，有機JAS表示をしていないものの取り扱いが少ないと考えられる（図4-21）。

1生協当たりの有機食品の品目別供給高は，加工食品が約1億4,000万円で最も多く，続いて飲料が約6,500万円，青果物が約5,100万円と続いている（図4-22）。専門小売業者・自然食品店では青果物が最も多かったのと対照的で，生協では加工食品が中心となっていることがわかる。

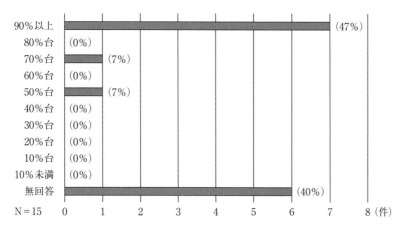

図 4-21　生協における有機JAS表示の割合

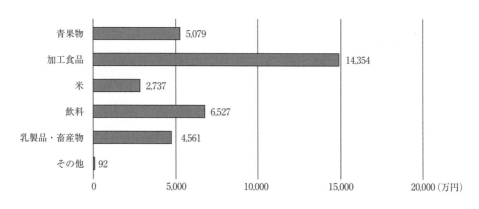

取扱生協数：青果9，加工9，米2，飲料6，乳・畜2，その他1

図 4-22　生協における有機食品の品目別供給高（1生協平均）

品目別に有機食品の取扱割合をみると，いずれの品目も無回答の生協が40～60％ほどとなっており，有機割合が把握されていない生協が多いことが示唆された。

青果物については，有機割合が10％未満とする生協が40％と多いものの，90％以上とする生協も13％となっている。加工食品については，有機割合が10％未満とする生協が60％，米については，有機割合が10％未満であるとする生協が53％，飲料については，有機割合が10％未満とする生協が47％，乳製品・畜産物については，有機割合が10％未満とする生協が40％，その他については，有機割合が10％未満とする生協が33％であった。

いずれの品目でも有機食品の取扱割合は低いが，青果物では積極的に取り扱っている生協もみられる。

有機食品の仕入先を品目ごとに把握するため，品目ごとにおもな仕入先を3つ設定し，各仕入先からの仕入割合を尋ねた。品目ごとの仕入先と仕入割合の選択肢は，専門小売業者・自然食品店と同じ設定である。

有機加工食品は，専門卸売業者からの仕入割合で最も多い回答が「2割未満」で，一般の食品卸売業者からの仕入割合で最も多い回答が「8割以上」，メーカーからの直接仕入割合で最も多い回答が「2割未満」であった。これらから，有機加工食品の仕入れは一般の食品卸売業者からが中心となっていると考えられる。

生鮮有機農産物は，生産者（団体）や農協からの直接仕入割合で最も多い回答が「8割以上」で，専門流通業者からの仕入割合で最も多い回答が「2割未満」，卸売市場からの仕入割合で最も多い回答が「2割未満」であった。これらから，生鮮有機農産物の仕入れは生産者（団体）からが中心となっていると考えられる。

有機米は，生産者（団体）からの直接仕入割合で最も多い回答が「2割未満」で，米穀卸売業者からの仕入割合で最も多い回答が「2割未満」であるものの，「8割以上」とする回答も少なくない。専門流通業者からの仕入割合で最も多い回答は「2割未満」であった。これらから，有機米の仕入れは米穀卸売業者からの仕入れがやや多いものと考えられる。

(3) 専門卸売業者

有機農産物加工食品や無添加加工食品等を専門的に取り扱う専門卸売業者の有効回答18件の集計結果はつぎの通りであった。

回答者の概要

専門卸売業者の事業内容は，本業の「卸売」が100％で，そのほかに（複数回答）

「食品輸入」が50％，「食品輸出」が17％，「通信販売」が50％，店舗小売が22％と，卸売業を中心としながら，輸出入業や小売業など複合的な事業内容となっていることがわかる（図4-23）。

　創業年は，「2000年代」が最も多く33％を占めている。続いて「1980年代」と「2010年以降」が22％，「1990年代」と「1979年以前」が11％となっている。専門小売業者・自然食品店では有機JAS制度の施行（2001年）以前に創業している事業者が多かったのに対し，専門卸売業者は有機JAS制度の施行後に創業している事業者が多い。

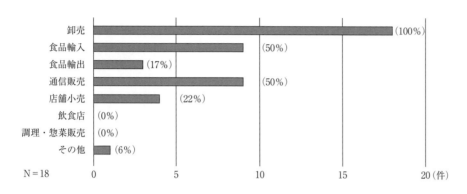

図4-23　専門卸売業者の事業内容（複数回答）

　経営形態は，株式会社が78％で最も多く，有限会社が17％，個人経営は5％であった。専門小売業者と異なり，株式会社が中心となっている。

　年商は，10億円以上が33％で最も多く，3億円〜5億円台が22％，6億円〜9億円台と1,000万円未満が17％となっており，3億円以上の事業者が7割を超えている。

　食品販売高は，10億円以上が28％で最も多く，3億円〜5億円台と1,000万円未満が22％となっている。専門卸売業者における取扱品目には生活雑貨や衣料品等もあるため，年商と比べると，3億円以上の事業者割合が若干低く，約6割となっている。

有機食品の取扱状況

　専門卸売業者による有機食品の販売の有無については，販売があったと回答した事業者が100％であった。

　有機食品の年間販売額は，1億円以上の事業者が61％と最も多く，1,000万円〜2,000万円台が17％，500万円未満が11％と続いている（図4-24）。また，食

品販売額に占める有機食品の割合について，有機割合90％以上の事業者が44％で最も多く，有機割合20％台の事業者が22％，有機割合10％未満の事業者が11％と続き，残りの2割の事業者は有機割合10％台，40％台，50％台，80％台となっている（図4-25）。

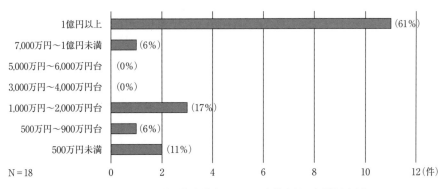

図4-24　専門卸売業者における有機食品の年間販売額

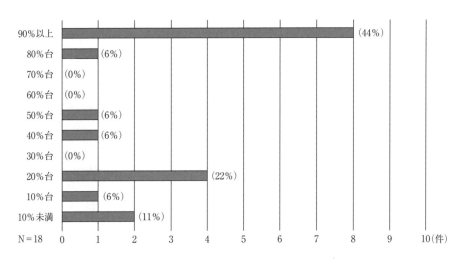

図4-25　専門卸売業者における食品中の有機割合

　取り扱う有機食品のうち，有機JAS表示をしている商品の割合については，90％以上とする事業者が39％と最も多く，80％台とする事業者が28％と，専門小売店・自然食品店と比較すると表示割合が高い。また，無回答の事業者が11％となっており，専門小売店・自然食品店と同様，把握できていない事業者も見られる（図4-26）。

　有機食品の品目別販売高は，1社当たりで加工食品が約2億6,000万円と最も

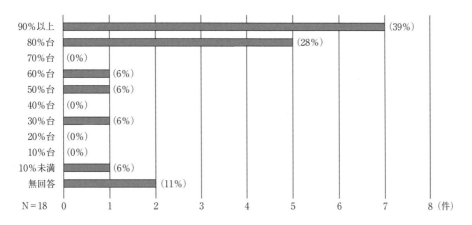

図 4-26　専門卸売業者における有機 JAS 表示の割合

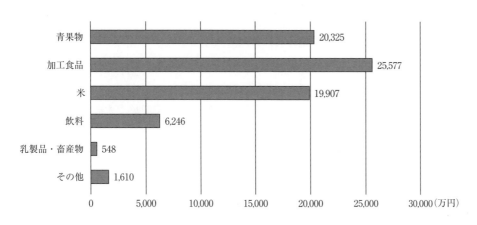

取扱事業者数：青果 10, 加工 15, 米 8, 飲料 6, 乳・畜 2, その他 3

図 4-27　専門卸売業者における有機食品の品目別販売高（1 社平均）

多く，続いて青果物が約 2 億円，米が約 2 億円，飲料が約 6,000 万円，その他が約 1,600 万円，乳製品・畜産物は約 500 万円となっており，専門卸売業者においては，加工食品を中心に，青果物と米の取り扱いについても多いことが確認された（図 4-27）。

　食品販売額に占める有機食品の割合を見ると，いずれの品目でも無回答の事業者割合が高く，青果物で 33％，加工食品で 22％，米で 44％，飲料で 61％，乳製品・畜産物とその他の品目で 67％となっている。

　品目別に見ると，青果物については，有機割合が 10％未満とする事業者が 22％，90％以上とする事業者が 17％となっている（図 4-28）。

　加工食品は，有機割合が 90％以上とする事業者が 28％で最も多く，続いて

80%台とする事業者が11%となっており，加工食品の有機割合が高いと言える（図4-29）。

米は，有機割合が10%未満と回答した事業者が22%で最も多く，続いて10%台と回答した事業者が17%となっており，有機割合が低い品目となっている（図4-30）。

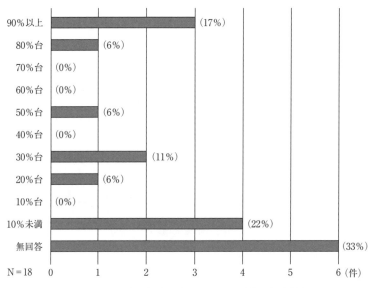

図 4-28　専門卸売業者における青果物の有機割合

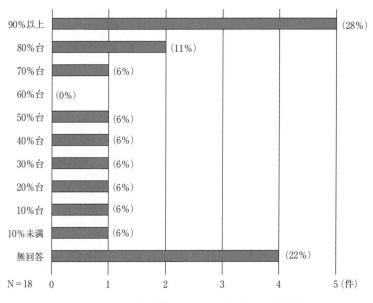

図 4-29　専門卸売業者における加工食品の有機割合

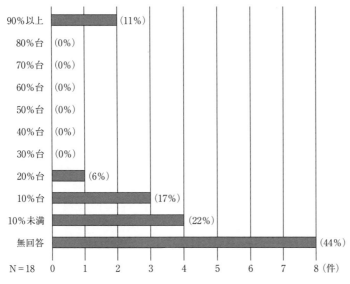

図4-30　専門卸売業者における米の有機割合

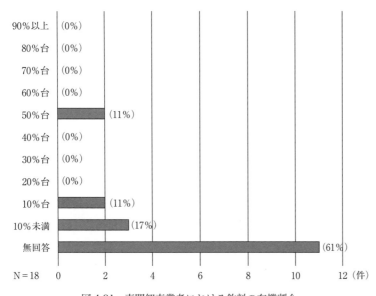

図4-31　専門卸売業者における飲料の有機割合

　飲料は，有機割合が10％未満とする事業者が17％で最も多く，10％台と50％台とする事業者がそれぞれ11％となっており，有機割合は比較的低い（図4-31）。

　乳製品・畜産物と，その他の品目は，ともに有機割合が10％未満と回答した事業者が28％と多く，有機割合が低いことがわかった。

　有機食品の仕入先を品目ごとに把握するため，品目ごとにおもな仕入先を3つ

設定し，各仕入先からの仕入割合を尋ねた。品目ごとの仕入割合の選択肢は，他の業種と同じ5段階である。

有機加工食品は，おもな仕入先を①専門卸売業者から，②加工メーカー，③一般の食品卸売業者とした。専門卸売業者からの仕入割合で最も多い回答が「2割未満」で，「8割以上」とする回答も少なくない。一方，メーカーからの仕入割合で最も多い回答が「8割以上」であった。これらから，有機加工食品はメーカーからの直接仕入が多く，専門卸売業者からの仕入れもある程度あるものと考えられる。

生鮮有機青果物は，おもな仕入先を①生産者（団体），②専門流通業者（ビオ・マーケット，マルタ等），③卸売市場とした。生産者（団体）からの仕入割合で最も多い回答が「8割以上」で，専門流業者からの仕入割合は「2割未満」と「6～7割台」も少なくない。卸売市場からの仕入割合が「8割以上」とする事業者も若干存在する。これらから，生鮮有機青果物は生産者（団体）からの直接仕入が多く，専門流通業者からの仕入れも少なくないと考えられる。

有機米のおもな仕入先は，①生産者（団体），②米穀卸売業者，③専門流通業者とした。生産者（団体）からの仕入割合で最も多い回答が「8割以上」で，米穀卸売業者からの仕入割合が「8割以上」とする回答や，専門流通業者からの仕入割合が「8割以上」とする回答も見られる。これらから，有機米の仕入れは生産者（団体）からの仕入れが最も多く，米穀卸売業者や専門流通業者からの仕入れも一定程度あると考えられる。

（4）有機・自然志向の製造業者
回答者の概要

有機農産物加工食品や無添加加工食品等の製造業者の製造品目は，味噌，醤油等の調味料が23％で最も多く，茶・コーヒー等（抽出前）が21％，酒類が21％，ペットボトルの茶，コーヒー，果汁飲料等の清涼飲料が9％，麺類・豆腐・納豆・あん等が9％，乾燥野菜や野菜水煮等の農産保存食品，野菜・果実缶詰が8％，食用油脂が6％，パン・菓子等が5％，米，麦，雑穀等の精穀・製粉が5％，畜産加工品や乳製品が5％，レトルト食品が3％となっている（図4-32）。

経営形態は，株式会社が56％で最も多いが，個人経営が19％，有限会社が16％と，他の経営形態も少なくない。

加工施設，事務所，営業所等の事業所数は，1箇所という事業者が75％と最も多く，2箇所が12％，3箇所が6％と，複数箇所は比較的少ない。

年商は，6億円～9億円台と10億円以上がともに16％で最も多く，1億円台が12％，3億円～5億円台が10％と続き，1億円以上の事業者で6割を占めている（図4-33）。

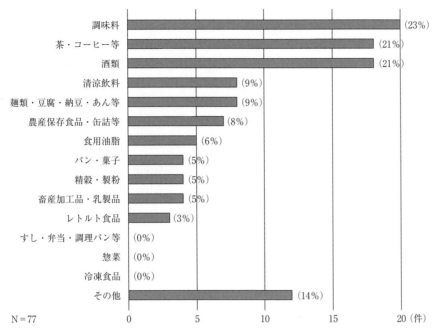

図4-32　有機加工食品等の品目別製造業者数（複数回答）

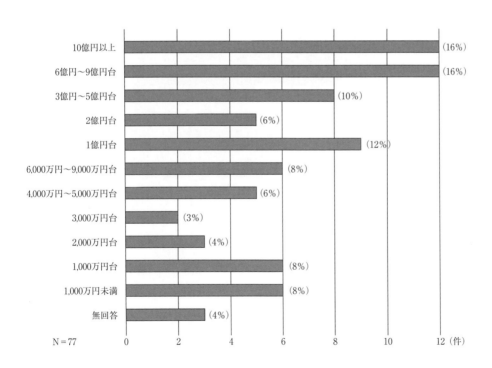

図4-33　有機加工食品等製造業者の年商

10年前と比較した年商の変化については，先に見た小売業者と異なり，事業者の増加数が減少数を上回っている。

有機食品の取扱状況

　　有機加工食品の製造もしくは加工食品の原材料として，有機農産物や有機加工食品の利用があったとする事業者は86％とほとんどを占め，製造もしくは利用がなかったとする事業者は13％であった。

　　有機加工食品の年間販売額は，無回答が19％あるものの，1億円以上とする事業者が22％，500万円未満とする事業者が17％，7,000万円〜1億円未満は1％であるが，それ以外の階級では10％前後と，バラつきが見られる（図4-34）。

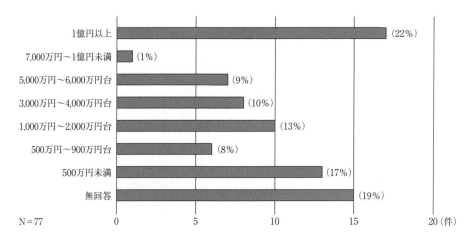

図4-34　有機加工食品等製造業者における有機加工食品の年間販売額

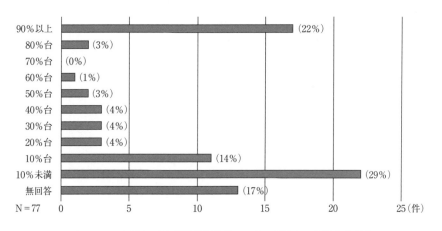

図4-35　有機加工食品等製造業者における製品中の有機食品割合

製品中の有機食品割合は，10％未満とする事業者が29％と最も多く，90％以上とする事業者が22％，10％台とする事業者が14％と続き，両極に分かれていることがわかる（図4-35）。

有機加工食品の製造もしくは利用を開始した時期は，「2000年代」とする回答が30％で最も多く，「1990年代」が22％，「1980年代」と「1979年以前」が13％となっており，1990年代と2000年代で半数以上を占めている（図4-36）。

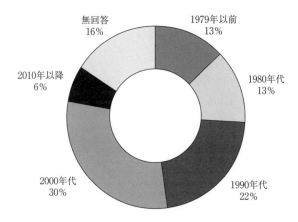

図4-36　有機加工食品等製造業者における有機食品の製造・利用開始時期

製造している有機食品のうち，有機JAS表示をしている割合については，90％以上とする回答が35％と最も多く，10％未満とする事業者が29％と続き，二極化している（図4-37）。原材料のほとんどが有機食品であっても一部が有機原料でない場合や，あえて製品にはJAS有機農産物加工食品の格付けをしていな

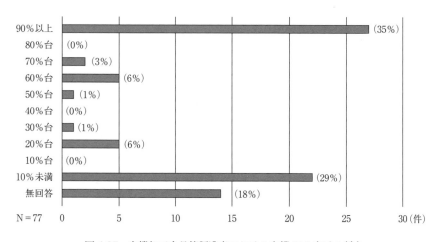

図4-37　有機加工食品等製造者における有機JAS表示の割合

いことも考えられる。

　有機加工食品の品目別販売高を1社平均で見ると，農産保存食品・缶・びん詰・調理料等が約9,400万円で最も多く，冷食・惣菜・弁当・レトルト食品等や麺類・豆腐・納豆・あん等も9,000万円前後となっている（図4-38）。

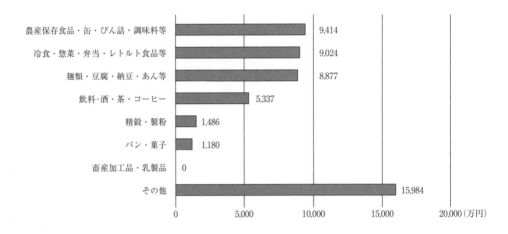

取扱事業者数：農産保存食品等23，冷食等4，麺類等7，飲料等31，その他10
図4-38　有機加工食品等製造業者における有機加工食品の品目別販売高（1社平均）

　製造している加工食品のうち，有機加工食品の割合を見ると，いずれの品目も無回答の割合が52%～90%と多く，有機食品と有機以外の食品や，有機JAS表示をしているものとしていないものの区別をして販売金額を把握していない事業者が多いものと考えられる。

　いずれの品目も有機割合が10%未満とする事業者が多く，有機加工食品の製造業者で製造している有機食品の割合は総じて低い。

　原材料としての有機食品の調達先を品目ごとに把握するため，品目ごとにおもな仕入先を3つ設定し，各仕入先からの仕入割合を尋ねた。仕入割合の選択肢は，他の業種と同じ5段階である。

　有機青果物・畜産物・乳製品は，おもな仕入先を①生産者（団体），②専門流通業者，③卸売市場，とした。生産者（団体）からの仕入割合で最も多い回答が「8割以上」で，専門流通業者からの仕入割合と卸売市場からの仕入割合は，ともに「2割未満」が最も多くなっている。これらから，有機青果物・畜産物・乳製品の仕入れは生産者（団体）からが最も多いと考えられる。

　有機加工食品は，おもな仕入先を①専門卸売業者，②一般の食品卸売業者，③

加工メーカーから，とした。いずれの仕入先も「2割未満」とする回答が最も多いものの，「8割以上」とする回答が，加工メーカー，専門卸売業者，一般の食品卸売業者の順に多く見られる。これらから，有機加工食品の仕入れは，加工メーカー，専門卸売業者，一般の食品卸売業者の順になっていると考えられる。

　有機米・麦・穀類は，おもな仕入先を，①生産者（団体），②米穀卸売業者，③専門流通業者，とした。生産者（団体）からの仕入割合で最も多い回答が「8割以上」で，米穀卸売業者からの仕入割合が「8割以上」とする回答も少なくない。専門流通業者からの仕入れも若干見られるが，有機米・麦・穀類の仕入れは，生産者（団体），米穀卸売業者，専門流通業者の順になっていると考えられる。

(5) 有機・自然志向の飲食店（自然食カフェ等）

　調査対象は，自然食レストラン・カフェ等を中心にリストアップした294事業者であるが，回答は19事業者で回答率は6.4％に過ぎない。そのため，調査結果からこうした飲食店全体について論じることは難しいが，いわゆるオーガニックカフェ・レストラン等における有機食品の利用状況や調達状況等について傾向を見てみたい。

回答者の概要

　事業形態は，レストラン・食堂（和，洋，中華等）が11件（58％）で最も多く，カフェ・喫茶店が10件（53％）となっている。複数回答であるため，これら以外も含めて回答数が19件（100％）を超えているが，後の店舗数で見るように，1社

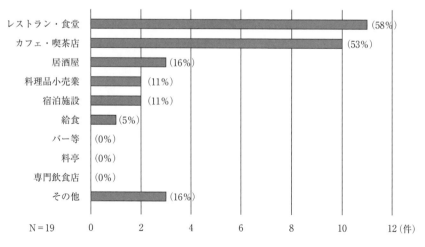

N＝19

図4-39　有機・自然志向の飲食店の事業形態（複数回答）

で事業形態が異なる複数の店舗を運営している事業者は少なく，複合的な事業形態の1店舗を運営している事業者が多い（図4-39）。

飲食店の経営形態は，個人経営が13件（68％）で最も多く，有限会社は2件（11％），株式会社は1件（5％）に過ぎない。

店舗数は，1店舗が17件（89％）で最も多く，2店舗が2件（11％）となっており，3店舗以上の回答はなかった。

年商は，1,000万円未満とする事業者が8件（44％）で最も多く，1,000万円台と2,000万円台がいずれも3件（17％）となっている（図4-40）。

10年前と比較した年商の変化は，1割以上増加した事業者は2件（11％），減少した事業者が12件（63％）となっており，専門小売業者や自然食品店と同様の傾向が見られる。

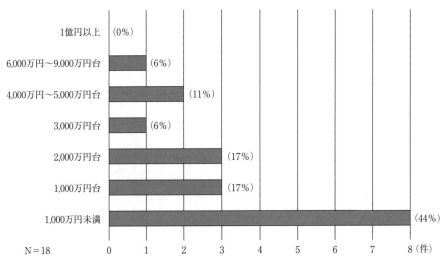

図4-40　有機・自然志向の飲食店の年商

有機食品の取扱状況

有機食品の利用の有無については，あったとする事業者が16件（84％），なかったとする事業者が3件（16％）であり，多くの飲食店で有機食品を利用していることがわかる。

有機食品の利用・提供を開始した時期は，1990年代からとする事業者が6件（38％）で最も多く，2000年代とする事業者が5件（31％）と続いている（図4-41）。

有機食品の年間仕入額は，1,000万円〜2,000万円台とする事業者が4件

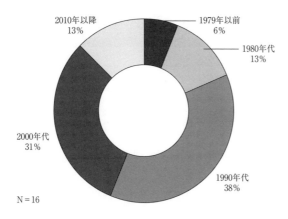

図4-41　有機・自然志向の飲食店における有機食品の利用・提供開始時期

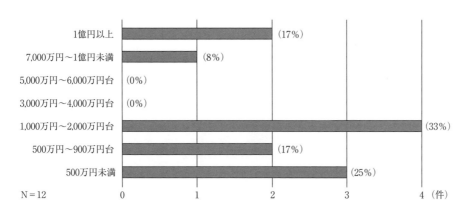

図4-42　有機・自然志向の飲食店における有機食品の年間仕入額

(33%) で最も多く，500万円未満が3件（25%），500万円〜900万円台と1億円
以上が2件（17%）ずつとなっている（図4-42）。

　食品全体の仕入額のうち有機食品の割合は80%台とする事業者が4件（31%），
90%以上とする事業者と20%台とする事業者がそれぞれ2件（15%）となってい
る（図4-43）。

　仕入れる有機食品のうち有機JAS表示があるものの割合については，10%未
満とする事業者が4件（31%）で最も多く，80%台とする事業者が3件（23%），
40%台とする事業者が2件（15%），と続き，20%台，30%台，50%台，60%台
が1件（8%）ずつとなっている（図4-44）。

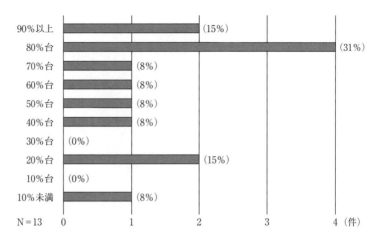

図4-43　有機・自然志向の飲食店における食品全体の仕入額のうち有機食品割合

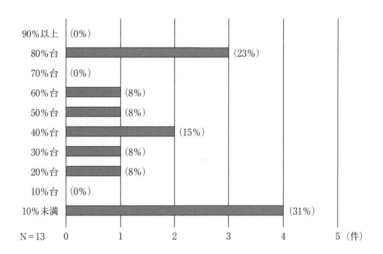

図4-44　有機・自然志向の飲食店における有機JAS表示がある商品の割合

　有機食品の仕入先を品目ごとに把握するため，品目ごとにおもな仕入先を3つ設定し，各仕入先からの仕入割合を尋ねた。仕入割合の選択肢は，他の業種と同じ5段階である。

　有機加工食品は，おもな仕入先を①専門卸売業者，②一般の食品卸売業者，③加工メーカーとした。専門卸売業者からの仕入割合で最も多い回答が「8割以上」で，一般の食品卸売業者とメーカーからの仕入割合は，いずれも最も多い回答が「2割未満」であった。これらから，有機加工食品の仕入れの多くは専門卸売業者からとなっていると考えられる。

生鮮有機青果物は，おもな仕入先を①生産者（団体），②専門流通業者，③卸売市場とした。生産者（団体）からの仕入割合は大きくバラついている。専門流通業者からの仕入割合は「4～5割台」が最も多く，「2～3割台」と「8割以上」も見られる。卸売市場からの仕入れも「8割以上」とする事業者が見られるが，生鮮青果物の仕入れは生産者（団体）や専門流通業者からが多いものと考えられる。

　有機米は，おもな仕入先を①生産者（団体），②米穀卸売業者，③専門流通業者とした。生産者（団体）からの仕入割合で最も多い回答が「8割以上」で，米穀卸売業者からの仕入れはなく，専門流通業者からの仕入割合は「8割以上」とする回答が1件のみあった。これらのことから，有機米は生産者（団体）からの仕入れが多いと考えられる。

(6) 一般スーパーマーケット

　一般のスーパーマーケット（大手GMSを除く）における有機食品の取扱状況について，全国スーパーマーケット協会の協力を得て，全国スーパーマーケット協会，日本スーパーマーケット協会，オール日本スーパーマーケット協会で毎年実施しているスーパーマーケット年次統計調査と併せて調査を実施した。配布対象は3協会のうち2協会となったが，904部を配布し，149社から回答を得た。

　有機食品の販売があったという回答が44％（66社），なかったという回答が35％（52社）であった（図4-45）。

　食品全体に占める有機食品の割合は，5％未満とする事業者が84％，5％以上10％未満とする事業者が11％であった（図4-46）。

　取り扱う有機食品のうち有機JASマークの表示があるものは10％未満とする

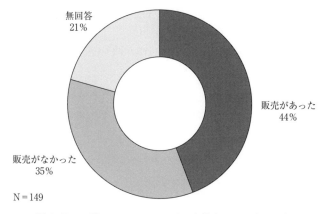

N＝149

図4-45　一般のスーパーにおける有機食品の販売の有無

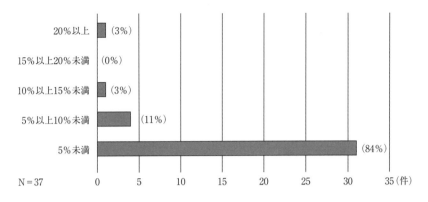

図 4-46　一般のスーパーにおける食品中の有機食品割合

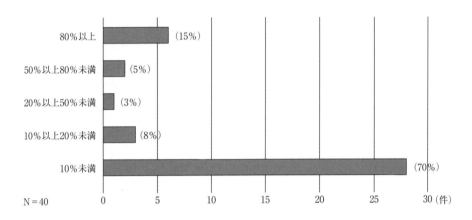

図 4-47　一般のスーパーにおける有機 JAS 表示の割合

事業者が70％であった（図4-47）。

　有機食品の割合を品目別に見ると，青果物については5％未満とする事業者が約70％で最も多いものの，5％以上10％未満が約14％，10％以上の事業者も約16％見られる（図4-48）。

　一般食品（ドライ品）については，5％未満とする事業者が約93％を占めており，取り扱いが少ないことがわかるが，20％以上とする事業者も5％存在する（図4-49）。

　米についても5％未満とする事業者が約74％，15％未満までで84％の事業者が含まれており，取り扱いが少ない（図4-50）。

　日配品，乳製品についても，5％未満とする事業者が約92％を占めており，米と同様取り扱いが少ない。

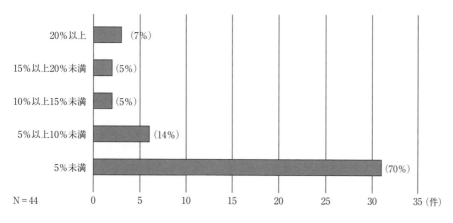

図 4-48　一般のスーパーにおける青果物の有機割合

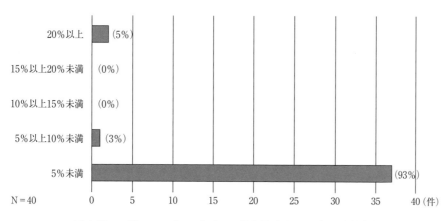

図 4-49　一般のスーパーにおける一般食品（ドライ品）の有機割合

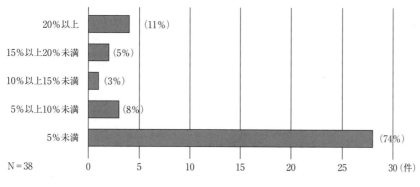

図 4-50　一般のスーパーにおける米の有機割合

(7) 農産物直売所

回答者の概要

　農産物直売所の設置場所と形態は，独立店舗が46％で最も多く，道の駅屋内が21％，農協店舗内が15％となっている（図4-51）。

　出荷生産者数は，100人以上200人未満が24％で最も多く，50人以上400人未満で62％を占める（図4-52）。

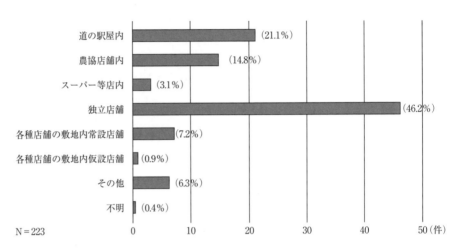

図 4-51　農産物直売所の設置場所と形態

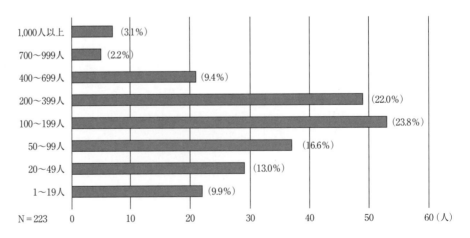

図 4-52　農産物直売所の出荷生産者数

有機農産物・食品の取扱状況

　有機農産物・食品の販売があったという農産物直売所は22％となっており，農産物直売所の2割で有機農産物・食品の取り扱いがあるという結果となった（図4-53）。

　有機農産物・食品の出荷生産者数は，0人とする回答が59％で最も多く，続いて1～3人とする回答が14％となっており，不明や無回答を除き，30％の農産物直売所で有機農産物・食品の出荷者がいるという結果になった（図4-54）。

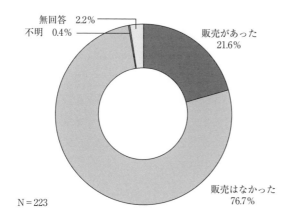

図4-53　農産物直売所における有機農産物・食品の取り扱いの有無

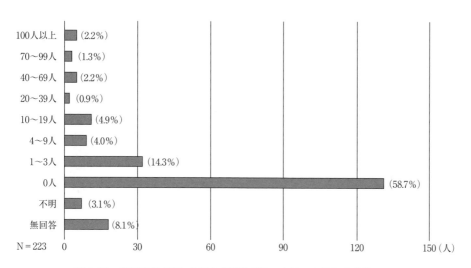

図4-54　農産物直売所における有機農産物・食品の出荷生産者数

農産物直売所で取り扱う農産物や食品のうち有機農産物や有機食品の割合は，無回答が83％と最も多く，取扱割合を把握していない直売所が多いと考えられる。10％未満とする回答が14％となっており，取り扱いのある直売所でも，取扱割合は低いことがわかる。

　取り扱う有機農産物や有機食品のうち有機JAS表示があるものの割合は，無回答の直売所が80％で最も多く，把握していない直売所が多いものと考えられる。回答があった中では有機JAS表示をしている割合が「10％未満」とする直売所が15％，「90％以上」とする直売所が2％となっており，農産物直売所では有機農業で生産されても有機JAS表示をしていない割合が高いと考えられる。

　有機農産物・食品の品目別販売額は青果物が最も多く，30件の合計で約3億2,700万円，1箇所平均で約1,090万円となっている。加工食品は24件の合計で約9,800万円，1箇所平均で約410万円となっている（図4-55）。

　品目別の有機割合は，いずれの品目も無回答が9割前後と，状況が把握されていない直売所が多いと考えられるが，回答があった中では，いずれも10％未満が青果物で9％，加工食品が8％，米が8％，その他が6％となっており，いずれの品目も取扱割合は低いことが確認された。

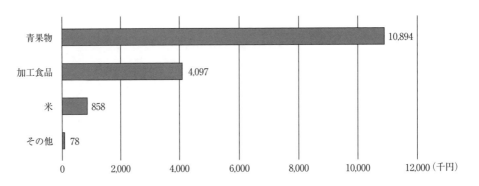

取扱直売所数：青果30，加工24，米26，その他17

図4-55　農産物直売所における有機農産物・食品の品目別販売額（1箇所平均）

(8) 一般食品製造業者

　一般の食品製造業者は，事業者数約7,500の母集団を11の業種に分類し，業種ごとに母集団の数に比例して抽出した合計2,361の事業者を調査対象とした。回収数は379，有効回答数は377件である。

回答者の概要

　主要な製造品目は，農産保存食品や缶・びん詰等，調味料，畜産加工品や乳製品，食用油脂，精穀・製粉，パン・菓子類，麺類・豆腐・納豆・あん等，冷凍食品，惣菜，すし・弁当・調理パン等，レトルト食品，清涼飲料，酒類，茶・コーヒー等（茶葉，コーヒー豆など），その他とした。回答が得られた377件の主要な製造品目は，調味料が24％（92件）で最も多く，酒類が22％（84件），農産保存食品・缶・びん詰が18％（68件），麺類・豆腐・納豆・あん等が14％（52件）などの割合が高くなっている（図4-56）。

　食品製造業者の経営形態は，株式会社が75％で最も多いものの，有限会社が13％，個人経営が8％なども一定の割合を占めている。事業所数を見ると，1箇所が69％で最も多く，2～3箇所が17％となっている。

　年商は，10億円以上が25％で最も多く，1億円以上の事業者が65％となっている（図4-57）。

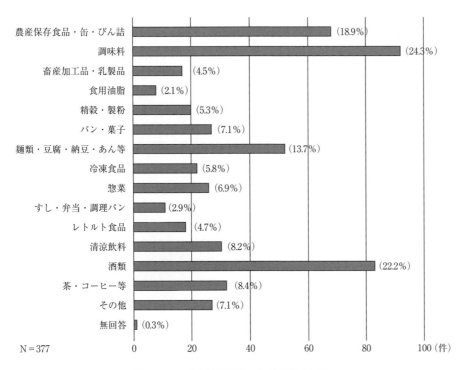

図4-56　一般食品製造業における製造品目

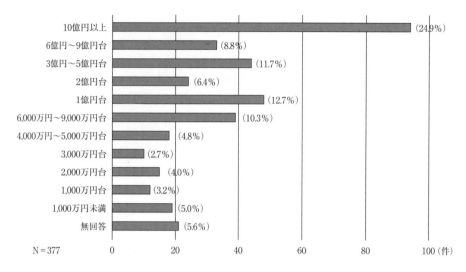

図4-57　一般食品製造業における年商

有機食品の取扱状況

　有機加工食品の製造もしくは加工食品の原材料として有機農産物や有機加工食品の利用があったか否かについては，製造もしくは利用があったとする事業者が21%（81件）となっており，有機・自然志向の製造業者の86%と比較すると割合は小さいが，2割程度の事業者が製造もしくは利用していることが示されている（図4-58）。

　一般食品製造業者における有機加工食品の年間販売額は，無回答が81%と最も多く，回答があった事業者においては，「1,000万円未満」が8%と最も多い。「1

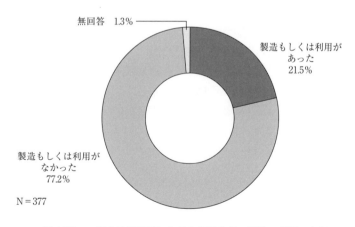

図4-58　一般食品製造業における有機食品の製造・利用の有無

億円以上」と回答した事業者は3％で，有機・自然志向の製造業者の22％と比較すると割合は小さいが，一般の食品製造業者でも一定の販売実績があることが示されている。

製品中の有機食品割合は，無回答を除くと「10％未満」とする事業者が12％で最も多く，「10％台」が3％と続くが，「90％以上」とする事業者も2％存在しており，一般の食品製造業者にも，有機加工食品の製造実態があることが示された。

有機加工食品の製造もしくは利用を開始した時期は，無回答を除くと「2000年代」とする事業者が6.4％で最も多く，「1990年代」が5.4％，「1980年以前」が3.4％と，有機・自然志向の製造業者と比較すると，製造・利用開始時期が遅いことがわかる。

製造している有機加工食品のうち，有機JAS表示をしている割合については，無回答を除くと，「90％以上」が8％と「10％未満」が7％とほぼ同じ割合であり，有機・自然志向の製造業者と同様に二極化している状況となっている。

有機加工食品の品目別販売額を回答者の合計で見ると，清涼飲料・酒類・茶・コーヒー等と麺類・豆腐・納豆・あん等が約12億円で最も多く，続いて冷食・惣菜・弁当・レトルト食品等が約11億円，農産保存食品・缶・びん詰が約8億7千万円となっており，これらの販売額が大きくなっている（図4-59）。これを1社当たりの販売高で見ると，冷食・惣菜・弁当・レトルト食品等の販売額が約2億8千万円と最も大きく，畜産加工品・乳製品と麺類・豆腐・納豆・あん等が約2億円となる（図4-60）。

製造している加工食品のうち，有機加工食品の割合を見ると，いずれの品目も

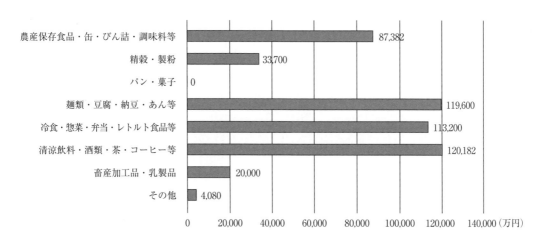

販売事業者数：農産保存食品等25，精穀・製粉7，麺類等6，冷食等4，飲料等29，畜・乳1，その他6

図4-59　一般食品製造業における有機加工食品の品目別販売額（回答者合計）

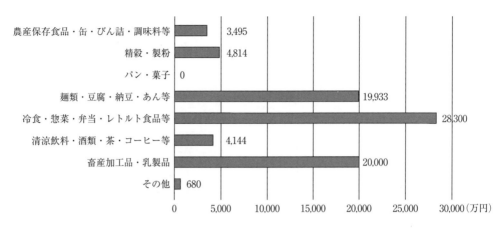

販売事業者数：農産保存食品等25，精穀・製粉7，麺類等6，冷食等4，飲料等29，畜・乳1，その他6

図4-60　一般食品製造業における有機加工食品の品目別販売額（1社平均）

「10％未満」の割合が最も高くなっている。一方で，農産保存食品・缶・びん詰・調味料等では「10％台」と回答した事業者が24％，「90％台」と回答した事業者が12％存在し，精穀・製粉では「90％以上」と回答した事業者が22％，麺類・豆腐・納豆・あん等でも「90％以上」と回答した事業者が14％，冷食・惣菜・弁当・レトルト食品等でも「90％以上」と回答した事業者が15％と，有機割合が高い事業者も一定割合存在する。

　原材料としての有機食品の仕入先については無回答が多いものの，有機青果物・畜産物・乳製品の仕入先を，①生産者（団体），②専門流通業者，③卸売市場で見ると，生産者（団体）からの仕入割合で最も多い回答が「8割以上」，専門流通業者からの仕入割合で最も多い回答が「2割未満」，卸売市場からの仕入割合で最も多い回答が「2割未満」であった。これらから，有機青果物・畜産物・乳製品の仕入れは生産者（団体）からが中心になっていると考えられる。

　有機加工食品の仕入先を，①専門流通業者，②一般の食品卸売業者，③加工メーカーで見ると，専門卸売業者からの仕入割合で最も多い回答が「2割未満」，一般の食品卸売業者からの仕入割合で最も多い回答が「8割以上」，加工メーカーからの仕入割合で最も多い回答が「2割未満」であった。これらから，有機加工食品の仕入れは，一般の食品卸売業者からが中心になっていると考えられる。

　有機米・麦・穀類の仕入先を，①生産者（団体），②専門流通業者，③米穀卸売業者で見ると，生産者（団体）からの仕入割合で最も多い回答が「8割以上」，米穀卸からの仕入割合で最も多い回答が「2割未満」，専門流通業者からの仕入割合で最も多い回答が「8割以上」であり，「2割未満」とする回答も少なくない。これら

から，有機米・麦・穀類の仕入れは，生産者（団体）からが最も多く，専門流通業者，米穀卸売業者の順になっていると考えられる。

(9) 一般飲食・宿泊・給食事業者

　一般の飲食事業者，宿泊事業者，給食事業者は，それぞれ639件，234件，197件の事業者を対象に調査を実施した。回収数は83，有効回答は82件である。有機・自然志向の飲食店の回答率も低かったが，一般の飲食・宿泊・給食事業者の回答率も他の業種と比べて低くなっている。

　飲食店と宿泊事業における飲食部門と給食事業者は事業の重複が見られることと，食材調達・利用の仕方にも共通性があることから，これらを合わせて集計・分析を行った。

回答者の概要

　事業形態は，レストラン・食堂が29件（35％）で最も多く，給食事業者が25件（31％），専門飲食店が15件（18％），宿泊施設が14件（17％），カフェ・喫茶店が10件（12％）となっている（図4-61）。

　経営形態は，株式会社が90％を占め，有限会社が7％となっている。無回答が2.4％あるが，個人経営や共同経営などの回答はなかった。

　店舗数は，「10店舗以上」が47％で最も多く，「2〜3店舗」が22％，「1店舗」が18％となっており，有機・自然志向の飲食店と比較すると，店舗数が多いことがわかる。

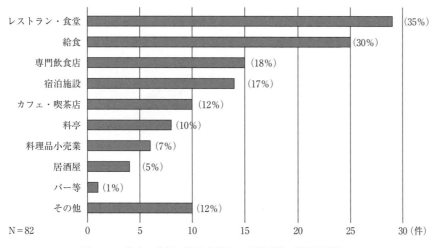

図 4-61　飲食・宿泊・給食事業者の事業形態（複数回答）

年商は，「10億円以上」が48％で最も多く，「1億円台」以上が87％を占める（図4-62）。有機・自然志向の飲食店では，年商1,000万円未満が42％であったのに対し，給食・宿泊事業が含まれることもあり，事業規模が大きい。

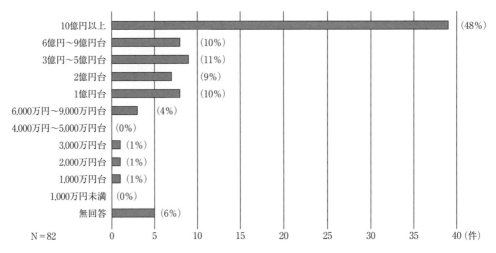

図4-62　飲食・宿泊・給食事業者の年商

有機食品の取扱状況

有機食品の利用については，あったとする事業者が21％，なかったとする事業者が74％であった（図4-63）。有機・自然志向の飲食店と比較すると利用のあった事業者の割合は低いものの，2割程度存在することが示されている。

有機食品の利用・提供開始時期は，無回答が最も多いが，回答のあった中では

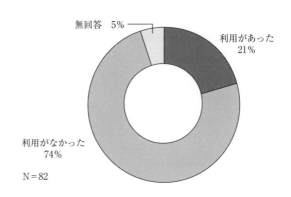

図4-63　飲食・宿泊・給食事業者における有機食品利用の有無

「2015年以降」が6％で最も多く，「1990年代以前」は5％である。有機・自然志向の飲食店では1990年代以前が48％を占めていたのと比較すると遅くなっている。

　有機食品の年間仕入額は，無回答が多く，事業者が有機食品の仕入額を把握していないことが伺える。回答があった事業者では，「1,000万円未満」とする事業者が8.4％で最も多く，「1,000万円台」「2,000万円台」「4,000万円～5,000万円台」「1億円台」「3億円～5億円台」がそれぞれ1％となっている。有機・自然志向の飲食店では1,000万円以上が44％を占めていたのに対して仕入額が小さいことが示されている。また，有機食品の仕入額割合は，無回答を除くと「10％未満」とする事業者が11％で最も多くなっており，有機・自然志向の飲食店では「80％台」とする事業者が25％を占めていたのに対して低くなっていることが示されている。

　仕入れる有機食品のうち有機JAS表示があるものの割合については，無回答が最も多いものの，回答があった事業者では「10％未満」とする事業者が5％，「90％以上」とする事業者が4％となっており，有機・自然志向の飲食店と同様二極化の傾向が見られる。

　有機食品の仕入れについて，有機加工食品の仕入先を，①専門卸売業者，②一般の食品卸売業者，③加工メーカーで見ると，専門卸売業者からの仕入割合で最も多い回答が「2割未満」，一般の食品卸売業者からの仕入割合は「8割以上」と「2割未満」が同程度，加工メーカーからの仕入割合で最も多い回答が「2割未満」であった。これらから，有機加工食品の仕入れは一般の食品卸売業者からが最も多いと考えられる。

　生鮮有機青果物は，仕入先を①生産者（団体），②専門流通業者，③卸売市場で見ると，生産者（団体）からの仕入割合で最も多い回答が「8割以上」，専門流通業者からの仕入割合は「2割未満」と「2～3割」が同程度であった。卸売市場からの仕入割合は「2割未満」が多いものの，「2～3割台」，「4～5割台」，「8割以上」とする回答も見られた。これらから，生鮮有機青果物は生産者（団体）からの仕入れが最も多く，卸売市場や専門流通業者からの仕入れも一定程度あると考えられる。

　有機米は，仕入先を①生産者（団体），②米穀卸売業者，③専門流通業者で見ると，生産者（団体）からの仕入割合は「2割未満」と「8割以上」が多い。米穀卸売業者からの仕入割合と専門流通業者からの仕入割合はともに多い回答が「2割未満」で，「8割以上」も若干見られる。これらから，一般の飲食・宿泊・給食事業者における有機米の仕入れは，生産者（団体）からが最も多いと考えられる。

(10) 一般小売業者

一般の小売業者は，スーパーマーケット，コンビニエンスストア，百貨店，ショッピングセンターの709店を母集団とし，すべての事業者を調査対象とした。そのうち回答が得られたのは31件である。

回答者の概要

回答があった31件の事業形態は，スーパーマーケットが24件（77%），百貨店が2件（6%），コンビニエンスストアが1件（3%），その他が4件（13%）となっている（図4-64）。なお，その他は，青果物小売業者などである。

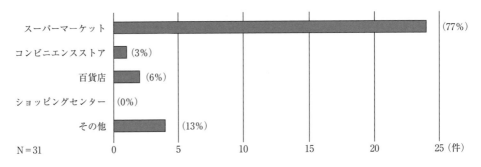

図4-64　一般小売業者の事業形態

経営形態は，株式会社が27件（87%），有限会社が4件（13%）となっており，個人経営や共同経営は見られない。

店舗数は，10店舗以上の事業者が10件（32%）で最も多く，1店舗の事業者が9件（29%），6〜10店舗の事業者が5件（16%），2〜3店舗の事業者が4件（13%），4〜5店舗の事業者が3件（10%）であった。

年商は，「10億円以上」とする事業者が22件（71%）で最も多く，「2億円台」が3件（10%），「6,000万円〜9,000万円台」とする事業者と「6億円〜9億円台」とする事業者がいずれも2件（6%），「3億円〜5億円台」とする事業者が1件（3%）であった（図4-65）。

食品販売額は，「10億円以上」とする事業者が22件（71%）で最も多く，「6億円〜9億円台」とする事業者が4件（13%），「6,000万円〜9,000万円台」とする事業者と「1億円台」とする事業者がいずれも2件（6%），「3億円〜5億円台」とする事業者が1件（3%）であった（図4-66）。年商と同様の度数分布となっており，スーパーマーケットや青果物小売業者など，年商に占める食品割合の高さが現れていると言える。

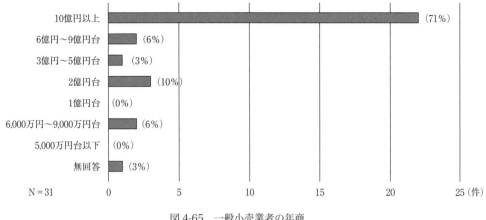

図 4-65　一般小売業者の年商

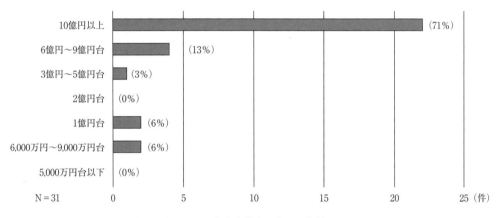

図 4-66　一般小売業者の食品販売額

有機食品の取扱状況

　有機食品の販売の有無については，販売があったとする事業者が16件（52%）で，専門小売業者・自然食品店の95%と比較すると割合が低いものの，半数の事業者に販売実績があることが示されている（図4-67）。

　有機食品の年間販売額は，無回答が最も多く，多くの事業者が販売額を把握していないものと考えられる。回答があった中では，「1,000万円未満」とする事業者が3件（10%），「1,000万円台」と「6,000万円～9,000万円台」がいずれも2件（6%），「1億円台」と「3億円～5億円台」がいずれも1件（3%）であった。

　食品中の有機食品割合は，無回答を除くと8件すべての事業者が10%未満と回答しており，有機食品の取り扱いがある事業者でも有機割合は低いことが示され

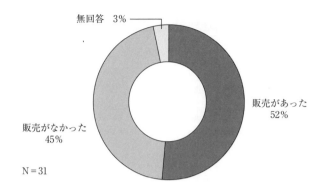

無回答　3%

販売があった
52%

販売がなかった
45%

N = 31

図4-67　一般小売業者における有機食品の販売の有無

ている。

　取り扱っている有機食品のうち，有機JAS表示をしている商品の割合について
は，無回答が最も多く，把握していない事業者が多いものと考えられる。回答が
あった中では90％以上とする事業者が3件（10％）で最も多いものの，10％未満，
10％台，40％台，70％台とする事業者もそれぞれ1件（3％）存在し，一般小売業
者においては比較的有機JAS表示の割合が高いものの，表示割合の低い事業者も
存在することが伺える。

　有機食品の品目別販売額は，回答のあった事業者の合計を見ると，青果物が約
3億6,100万円で最も多く，加工食品が約1億7,600万円，酒類を含む飲料が約
1億600万円，乳製品・畜産物と米が約5,300万円となった。これを品目ごとに
取り扱いのあった事業者数で割り，1社平均の販売額を見ると，金額の多寡の傾
向は合計と同様で，青果物が約6,000万円で最も多く，加工食品が約4,400万円，
飲料が約2,100万円，乳製品・畜産物が約1,300万円，米が約900万円となった
（図4-68）。

　品目別の有機食品割合は，いずれの品目も無回答が多く，多くの事業者が把握
していないことが伺える。

　回答があった事業者を見ると，青果物では10％未満とする事業者が6件
（20％）で最も多く，10％台と20％台がいずれも1件（3％）であった。

　加工食品では10％未満とする事業者が3件（10％）で最も多く，10％台と20％
台がいずれも1件（3％）であった。

　米では10％未満とする事業者が6件（20％）で最も多く，10％台が1件（3％）
であった。

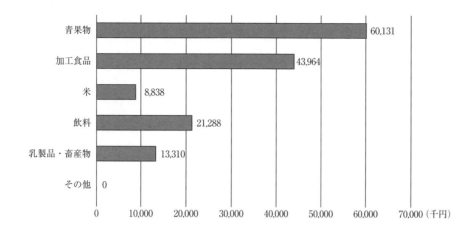

取扱事業者数：青果6，加工4，米6，飲料5，乳・畜4，その他0

図4-68　一般小売業者における有機食品の品目別販売額（1社平均）

飲料では10%未満とする事業者が4件（13%）で最も多く，10%台が1件（3%）であった。

乳製品・畜産物では10%未満とする事業者が4件（13%）で最も多く，10%台が1件（3%）であった。

その他の品目については10%未満とする事業者が3件（10%）のみとなっていた。

このように，いずれの品目も10%未満が最も多いものの，青果物と加工食品では10%台や20%台の事業者も見られ，他の品目と比べて有機割合が高いことが伺える。

有機食品の仕入れを品目別に見ると，無回答を除き，有機加工食品は，専門卸売業者からの仕入割合で最も多い回答が「2割未満」で，一般の食品卸売業者からの仕入割合で最も多い回答が「8割以上」，加工メーカーからの仕入割合で最も多い回答が「2～3割台」であった。これらから，有機加工食品は一般の食品卸売業者からの仕入れが最も多いと考えられる。

生鮮有機青果物は，生産者（団体）からの仕入割合で最も多い回答が「2割未満」と「2～3割台」で，「6～7割」や「8割以上」とする回答も見られる。専門流通業者からの仕入割合で最も多い回答が「2割未満」と「4～5割台」，卸売市場からの仕入割合で最も多い回答が「2～3割台」で，「2割未満」と「8割以上」も多い。これらから，生鮮有機青果物は卸売市場や生産者（団体）からの仕入れが比較的多く，専門流通業者からの仕入れも少なくないと考えられる。

有機米は，生産者（団体）からの仕入割合で最も多い回答が「2割未満」で，米

穀卸売業者からの仕入割合で最も多い回答が「8割以上」，専門流通事業者からの仕入割合で最も多い回答が「2割未満」であった。これらから，有機米の仕入れは，米穀卸売業者からの仕入れが最も多いと考えられる。

(11) 貿易商社

貿易商社は，リストアップした70社を母集団とし，すべてを調査対象とした。このうち回答があったのは7件である。

回答者の概要

事業内容は，食品輸入が5件（71％），食品輸出が1件（14％），卸売は4件（57％）となった（図4-69）。経営形態は，7社すべてが株式会社である。

年商は，10億円以上とする事業者が5件（71％），6億円〜9億円台とする事業者が1件（14％）となった。

食品販売額は，10億円以上とする事業者が5件（71％）で最も多く，1,000万円未満と6億円〜9億円台とする事業者がそれぞれ1件（14％）となった。

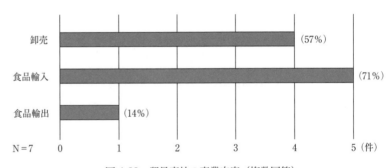

図4-69　貿易商社の事業内容（複数回答）

有機食品の取扱状況

有機食品の販売の有無については，販売があったとする事業者が2件（29％），販売がなかったとする事業者が5件（71％）となった。

有機食品の年間販売額は，無回答の事業者が5件（71％）となっているが，これらは販売がなかった事業者である。6,000万円〜9,000万円台とする事業者が1件（14％），1億円台とする事業者が1件（14％）となっており，これは販売があったとした2件のそれぞれの販売額である。また，食品中の有機食品の割合は，販売があった2件のいずれも10％未満となっている。

有機食品の取扱開始時期は，販売があったとした2件のうち，1件が1990年代，もう1件が2000年代となっている。専門卸売業者と比較すると，1980年代以前の取り扱いがなく，取扱開始時期が遅いと言える。

取り扱っている有機食品のうち，有機JAS表示をしている商品の割合については，取り扱いのある2つの事業者がともに90％以上と回答している。専門卸売業者では，「80％台」以下とする回答が過半数を占めていたのに対し，貿易商社では，有機JAS表示のある商品に限定していることが伺える。

有機食品の品目別販売額は，それぞれの事業者毎に，1件は青果物が3,700万円，もう1件はその他（コーヒー生豆）が1億円となっている。また，取り扱っている食品中の有機食品の割合は，2件ともに10％未満となっている。

有機食品の取り扱いがある2件の販売先を見てみると，青果物については，すべてスーパーマーケットなどの小売業者への仕向けとなっており，その他（コーヒー生豆）については，国内製造業者と他の卸売業者への仕向けが半々となっている。

（12）調査結果のまとめ

アンケート調査から明らかになったことはつぎの通りである。

まず，それぞれの業種について，専門小売業者と自然食品店は，店舗数が1店舗の事業者が8割を占め，店舗小売のほかに配達や卸売，通信販売，飲食店の開設等の多様な事業形態をとっている事業者が少なくない。1979年以前の比較的早い時期に創業している事業者が多いが，年商が減少している事業者も多い。有機食品の取扱品目は青果物と加工食品を中心としている。有機食品の取扱割合が高いが有機JAS表示をしていない割合も高い。生鮮有機青果物と有機米の仕入れは生産者（団体）や専門流通業者からが多く，加工食品の仕入れは専門卸売業者からが多い。

生協では，ほとんどの事業者で有機食品の取り扱いはあるが，食品中の有機食品割合は低く，取り扱う有機食品は有機JAS表示をしている割合が高い。取扱品目は加工食品を中心としており，取扱開始時期は1990年代が4割と多いが，1979年以前など早くから取り扱っている生協も少なくない。有機加工食品の仕入れは一般の卸売業者から，生鮮有機青果物の仕入れは生産者（団体）から，有機米の仕入れは米穀卸売業者からが多い。

専門卸売業者は，食品輸入や通信販売等の小売を行っている事業者も半数に及んでいる。有機食品の取扱割合が高く，創業は2000年代が最も多く，次に2010年以降と1980年代が多い。取扱品目は加工食品が多く，取り扱う食品中の有機

食品割合が高い傾向にある。有機JAS表示をしている割合も高い。有機加工食品の仕入先はメーカーからの直接仕入が多く，有機青果物と有機米の仕入れは生産者（団体）からの仕入れが多い。

　有機・自然志向の食品製造業者は，調味料，茶・コーヒー等，酒類を製造する事業者が多く，有機食品の製造や利用をしている割合が9割弱と高い。有機加工食品の製造もしくは利用を開始した時期は2000年代が3割，1990年代が2割と，これらで半数を占める。製造している有機加工食品に有機JAS表示をしているメーカーと表示していないメーカーに二極化しており，格付けをせずに販売している商品が少なくない。原材料の仕入れは，農畜産物は生産者（団体）からが多く，加工食品はメーカーからの直接仕入が多い。

　有機・自然志向の飲食店は，個人経営の割合が約7割と高く，店舗数は1店舗の割合が9割と高い。有機食品の利用割合は高く，利用開始時期は1990年代と2000年代で約6割となる。加工食品の仕入れは専門卸売業者からの割合が高く，生鮮青果物と米の仕入れは生産者（団体）からの割合が高く，有機JAS表示をしていないものも多い。

　大手のGMSを除く一般のスーパーマーケットでは，品目ごとの有機食品割合は低いものの，4割以上の事業者で有機食品の取り扱いがある。有機コーナーを設置している事業者も4割に及び，有機・ナチュラル志向の店舗を設置する事業者も見られ，全体に取り扱いが増えていると考えられる。

　農産物直売所については，有機農産物の出荷があるという直売所が2割程度存在する。有機農産物の出荷者数は少なく，有機農産物の割合も低いものの，販売があったと回答した直売所1箇所当たりの平均年間販売額は，青果物で1,000万円を超える。

　一般の食品製造業者では，有機食品の製造もしくは原材料として利用している事業者が回答者の2割程度存在し，1990年代以降に製造もしくは利用を開始した事業者が多い。有機JAS表示をしている割合は10％未満と90％以上に二分され，有機JAS表示をしていなくても主原料に有機農産物を用いた加工食品（酒類含む）が一定のボリュームを持っていることが伺える。原材料の仕入れは，青果物や米は生産者（団体含む）から，加工食品は一般の食品卸売業者（有機食品等専門の卸売業者ではなく）からが多くなっている。

　一般の飲食事業者，宿泊業者，給食事業者では，有機食品を取り扱っている事業者が回答者の2割程度存在する。有機食品の割合は低く，有機食品の取扱開始時期は2010年以降が多く，比較的遅い。有機食品の仕入先は，有機農産物は生産者（団体）から，有機加工食品は一般の卸売業者からが多くなっている。

一般の小売業者では，食品のうちの有機割合は低いものの，有機食品を取り扱っている事業者が回答者の5割程度に及んだ。有機の取扱金額は青果物が最も多く，加工食品がそれに続く。有機食品の仕入れは，青果物は卸売市場から，加工食品は一般の卸売業者から，米は米穀卸売業者からと，一般の食品の仕入先と同じルートによる仕入れが多いことが伺える。

　貿易商社は，有効回答が7件と少なかったため事例的な情報となるが，うち2件に有機食品の取り扱いがあった。有機食品の取り扱いを開始した時期は，1社が1990年代，もう1社が2000年代で，いずれも有機JAS表示をしている商品が9割以上となっている。販売先は，青果物がスーパーマーケット等で，その他（コーヒー生豆）が製造業者や他の卸売業者となっている。

　これらのことから，有機食品市場を構成する事業者の性格については，有機食品を積極的に取り扱っている事業者と一般の事業者を比較すると，前者の方が創業や取扱開始時期が1980年代以前などと早く，事業規模は小さく，経営形態も個人経営の割合が高い。後者は取扱開始時期が1990年代以降などと前者に比べると遅く，事業規模は大きく，経営形態も株式会社の割合が高いことがわかった。

　有機農産物・食品の流通経路については，大きく分けると有機・自然志向の小売業者，製造業者，飲食店などでは，有機・自然食品の専門卸売業者からの仕入れを中心としており，一般の小売業者，製造業者，飲食店などでは，一般の卸売業者や卸売市場，米穀卸売業者など，一般の食品や慣行栽培の農産物と同じ仕入先から仕入れていると捉えることができる。

　有機食品市場全体が拡大する中で，1980年代以前から有機食品を取り扱っている専門小売業者や自然食品店では，この10年間の取扱金額が減少傾向にある。一方で1990年代以降に取り扱いを開始している事業者が多い生協や飲食店，一般の製造業，一般の小売店などで増加傾向にあると考えられる。これらのことから，有機食品市場の拡大は，流通経路が多様化・一般化しているだけではなく，再編を伴って進んでいることが示唆される。

　また，一般の食品製造業者では1990年代以降有機食品の製造や利用が見られ，有機・自然志向の食品製造業者でもこの10年で年商が微増しており，1990年代以降取り扱いを開始している生協や飲食店，一般の小売店などでは有機加工食品の取り扱いが中心になっていることなどから，有機食品市場も食品市場全体の傾向と同様に生鮮食品から加工食品へのシフトがあるものと考えられる。

4. 日本における有機食品の市場規模：事業者取扱金額に基づく推計

(1) 既存の有機食品市場規模推計

これまでに実施された有機食品市場を対象とする規模の推計としては，1995年東京都生活文化局価格流通部，1997年と1999年の総合市場研究所，2010年のオーガニックマーケット・リサーチプロジェクト（OMR），2018年のオーガニックヴィレッジジャパン（OVJ），2018年の矢野経済研究所の推計などがある。それぞれ市場規模推計の結果と手法はつぎの通りである。

東京都生活文化局価格流通部

東京都生活文化局価格流通部では，1993年時点の有機農産物等の生産面積割合を稲作では3〜7％，畑作（野菜）では2〜4％と推計している。ここで言う「有機農産物等」とは，無農薬・無化学肥料栽培には限定されていない。

調査方法は，生産者および生産者グループ，単位農協，市町村である。これらを対象にアンケート調査を実施し，回答があった市町村の有機農業実施農家戸数と面積の割合を最小値とし，この割合を回答がなかった市町村にも当てはめた全国の有機栽培面積を最大値として推計している。

当該調査では有機農業の面積割合は推計されているものの，有機農産物の金額は推計されていないため，推計面積割合を当時の1世帯当たりうるち米支出額（61,976円）および生鮮野菜の支出額（80,681円）に当てはめ，当時の世帯数（43,077,126世帯）を乗じて金額を推計すると，うるち米3％，生鮮野菜2％の場合が約1,543億円，うるち米7％，生鮮野菜4％の場合が約3,362億円となる。これにより市場規模は約1,540億円から3,362億円の間と推計される。ただし，この推計値は果実や加工品などを含んでいないため，実際の市場規模はこれよりも若干大きくなると考えられる。

総合市場研究所

総合市場研究所では，1996年時点で約1,945億円，1997年時点で2,260億円，1998年時点で2,605億円と推計している。ここで言う「有機農産物」は，東京都と同様に，無農薬・無化学肥料栽培には限定されていない。

調査方法は47都道府県への電話によるヒアリング調査と農産物流通業者および農産物加工業者へのヒアリング調査で，これらの調査結果を既存の調査結果で補い，品目ごとの栽培面積の推計値を算出している。次に，米については，単収

を10アール当たり400 kg, 単価を1kg当たり500円と仮定し, 出荷額を推計している。さらに流通マージンとして20％を加算して最終消費額を推計している。野菜については, 卸売市場を経由しない野菜の6〜7割を有機と仮定し, 消費額を推計している。輸入品と加工品については, ヒアリング調査結果から推定している。これらを合わせ, 有機農産物の市場規模を推計している。

オーガニックマーケット・リサーチプロジェクト (OMR)

オーガニックマーケット・リサーチプロジェクト (OMR) では, 2009年時点の有機食品の市場規模を1,300億〜1,400億円と推計している。ここで言う「有機食品」は, 有機JAS表示制度に則った農産物および加工食品としている。

調査方法は, 消費者を対象とするWeb調査により有機農産物の購入頻度と購入金額を調査している。回答者のうち「ほとんどすべて有機食品を購入している」と回答したヘビーユーザーを「有機農産物やオーガニックの意味を正しく理解している」ものとみなし, これらの消費者の割合と有機食品の平均購入金額を全国の世帯数に当てはめ, 年間購入金額を推計している。さらに, この金額を購入額上位20％で全体の75％を占めるパレート分布モデルに当てはめ, 市場規模を1,322億円と算出している。一方, 消費者調査結果の「利用したことがある有機食品」の上位9品目 (野菜, 米, 果物類, 豆腐, 味噌, 醤油, 納豆, 緑茶, 豆乳) について, 格付数量と小売価格から品目ごとに市場規模を推計し, 有機食品全体に占めるこれらの品目割合から全体の市場規模を1,354億円と推計している。この2つの推計値がほぼ整合していることから, 1,300億〜1,400億円としている。

オーガニックヴィレッジジャパン (OVJ)

オーガニックヴィレッジジャパン (OVJ) では, 2017年時点の有機食品市場の「推定規模感」を4,117億円と推計している。ここで言う「有機食品」は, 無農薬, 無化学肥料, 化学合成物質無添加の食品としており, 有機JASの認証については問うていない。また, 「より正確な市場規模を算出するには, 消費者, 生産, 加工・製造, 流通, 販売, 輸入・輸出, そしてJAS格付けなど, 各ジャンルのデータとの照合から算出する方法が望ましい」と記しているように, 消費者調査のみによる推計であることから「市場規模感」としている。

調査方法は, マクロミルモニターを対象とするインターネット調査で, 一次調査として10,000人を対象に購入頻度と購入金額を尋ね, 週1回以上購入する人の割合と平均購入金額を全国の世帯数に当てはめ, 年間購入金額を推計している。

矢野経済研究所

　矢野経済研究所では，2017年時点の有機食品市場規模を1,785億円と推計し，年率1〜2％の増加率で成長していると分析している。なお，有機食品市場の内訳は有機農産物として米，野菜，茶等を，有機加工食品として酒類や飲料，畜産加工品，農産加工品，麺類，調味料類，冷凍食品，その他加工食品（レトルトパウチ食品，菓子・デザート類，シリアル，サプリメント）等を含むものとしている。

　調査方法は，有機農産物や加工食品の需用者として小売業者，中食業者，ホテル・外食業者等100件を対象とするヒアリング（面談，電話，E-mail），電話アンケートであり，そのうち，取り扱いもしくは使用実績のある事業者55社の取扱高（農産物は売上高，加工食品は小売金額）より推計している。

　以上のように，年度は異なるものの，これらの市場規模推計の結果にはバラつきがあり，調査対象を事業者とするか消費者とするか，また，標本の抽出方法や標本数，推計手法としてのパレート分布の利用などに検討の余地がある。事業者を対象とする場合でも，流通経路ごとに層化抽出を行うことで，より精度の高い推計が可能となると考えられる。

　また，対象とする有機食品は，有機JASの格付けがなされているものに限定すると，農産物の生産段階では有機農業推進法に基づく有機農業により生産された農産物の多くが対象とならず，加工段階では加工施設が有機JAS認証を得ていないものや，有機JAS規格のない酒類などの加工食品が対象とならない。欧米との比較においては，有機JASの格付けに限定した数字も必要であるが，日本の有機食品市場を把握するという目的からは，有機農業推進法に基づく有機農業により生産された農産物やその加工食品についても対象とすべきと考えられる。なお，事業者における有機食品の取扱金額の把握については，有機JASの格付けの有無を商品コード等で区別して把握している事業者は少数であり，商品名で推定している事業者もみられる。また，事業者により取扱金額を把握する品目の区分が異なることから，分析の必要性と事業者負担のバランスを取る必要がある。

　以上をふまえ，本研究では事業者の販売額等取扱実績に基づく推計方法を用いる。

(2) 有機食品市場調査結果に基づく流通経路ごとの推計
推計方法

　有機食品の市場規模は，有機食品小売額の総計である。推計値は，流通経路ごとの事業者の取扱金額に基づいて算出する。小売業者においては販売額，飲食・

宿泊・給食事業者および中食事業者においては仕入額の総額により推計するものとする。

流通経路と事業者は，業態と志向の差異を考慮し，つぎのように区別し，それぞれで推計した結果を足し合わせた。

①専門小売業者・自然食品店

②生協

③有機・自然志向の飲食店

④一般スーパーマーケット

⑤農産物直売所

⑥一般飲食・宿泊・給食事業者

⑦一般小売業者（百貨店，青果物小売業者，コンビニエンスストアなど）

⑧その他の流通経路（産消提携，有機直売市，通販・インターネット小売業者，中食）

なお，本調査で言う「有機食品」は，①有機JASマーク表示がある認証された農産物や加工食品と，②有機JASマークの表示がなくても，農薬や化学肥料を使わずに生産された農産物，重量の95％以上を占める主原料が「有機」である加工食品（「有機原料使用」表示食品を含む）の両方を指す（ただし「減農薬」は含まない）とした。

流通経路ごとの推計結果

① 専門小売業者・自然食品店

専門小売業者と自然食品店は，アンケート調査で得られた有機食品販売額の推計値と，ヒアリングで得られた販売額を足し合わせた（アンケート調査対象とヒアリング対象は重複していない）。

アンケート調査においては，母集団756件のうち有効回答83件の事業者の総販売額合計が726億円であり，そのうち，有機食品販売額の回答があった75件の有機食品販売額の合計が44.7億円であった。このことから，83件の総販売額に占める有機食品の割合は約6.2％であり，母集団の有機食品の小売額は44.7億円÷83×756≒407億円と推計される。

ヒアリングで得られた有機食品小売額の合計は約27億円であり，これらを足すと407億円＋27億円＝434億円となる。

② 生協

生協も，アンケートで得られた有機食品販売額の推計値とヒアリングで得ら

れた販売額を足し合わせた（アンケート調査対象とヒアリング対象は重複していない）。

　アンケート調査においては，単位生協241件を母集団とし，供給高の回答があった26件の総供給高が8,133.5億円，そのうち14件の有機食品の供給高が22.6億円であった。このことから，26件の総供給高に占める有機食品の割合は約0.28％であり，母集団の有機食品の供給高は22.6億円÷26×241≒209億円と推計される。

　ヒアリングで得られた有機食品の供給高の合計は約15億円であり，これらを足すと224億円となる。

③　有機・自然志向の飲食店

　有機・自然志向の飲食店は，アンケート調査結果より仕入額を推計した。

　母集団294件のうち，アンケートに回答があった18件中13件の有機食品仕入額合計は5,560万円であった。このことから，母集団の有機食品の仕入額は5,560万円÷18×294≒9億円と推計される。

④　一般スーパーマーケット

　一般のスーパーマーケットは，アンケート調査で得られた有機食品販売額の推計値と，ヒアリングで得られた販売額と，アンケート調査対象となっていない大手GMSの推計値を足し合わせた。

　アンケート調査においては，全国スーパーマーケット協会，日本スーパーマーケット協会，オール日本スーパーマーケット協会に所属する1,025件のうち904件を母集団として調査を実施した。販売額の回答があった137件の販売額合計が2兆4,708億6千万円，有機食品の販売額合計が33件で99億4千万円であった。これより，母集団の有機食品販売額は99.4億円÷137×904≒656億円と推計される。

　ヒアリングで得られた有機食品の販売額は約15億円であった。

　大手GMSで有機食品を積極的に取り扱う方針を示しているイオンの有機食品販売額は，2018年度の年商8兆3,900億円に青果・一般食品の割合40％と青果・一般食品に占める有機食品割合を0.5％と仮定して掛け合わせ，8兆3,900億円×0.4×0.005≒168億円と推計される。セブン＆アイホールディングスの有機食品販売額は，2018年度の年商6兆387億円に青果・一般食品の割合40％と青果・一般食品に占める有機食品割合を0.4％と仮定して掛け合わせ，6兆387億円×0.4×0.004≒97億円と推計される。

これらを足し合わせると，656億円＋15億円＋168億円＋97億円＝936億円となる。

⑤ 農産物直売所

　農産物直売所は，4,400件の母集団から900件を都道府県ごとの数に比例して無作為抽出し，アンケート調査対象とした。アンケートに回答があった223件のうち，販売額に回答があった216件の販売額合計は467億4,341万円であった。このうち，有機農産物・食品の販売額は38件の合計で1億8,495万円であった。このことから，母集団の有機農産物・食品の販売額は，1億8,495万円＋216×4,400≒38億円と推計される。

⑥ 一般飲食・宿泊・給食事業者

　一般の（とくに有機・自然志向ではない）飲食事業者，宿泊事業者（ホテル）の飲食部門，給食事業者は，アンケート調査の結果に基づいて推計したが，事業の関連が深く性格が似ていることから，これらを合わせて集計した。

　アンケートは，母集団1,142件のうち1,070件を調査対象とし，83件の回答を得た。このうち，年商は回答があった77件の合計で3,020.1億円であり，有機食品の仕入額は回答があった12件で1.9億円であった。このことから，母集団の有機食品の仕入額は1.9億円÷77×1,142≒28億円と推計される。また，83件の年商に占める有機食品の仕入額割合は0.06％となる。全国の外食産業の市場規模25.4兆円から有機・自然志向の飲食店分として0.7兆円を除く24.7兆円に占める有機食品の仕入額を0.06％とすると，有機食品の仕入額は約148億円となる。

⑦ 一般小売業者

　一般小売業者（スーパーマーケット，百貨店，コンビニエンスストア，青果物小売業者等）709件を対象とするアンケート調査を実施し，31件の回答を得た。業種ごとの回答数が少ないことと，④との重複を避けるため，直接推計値には入れずに参考とする。

　回答があった31件のうち，8件のスーパーマーケットの販売額を見ると，販売額合計は1,054億円，そのうち有機食品の販売額は2,976万円であり，スーパーの販売額合計に占める有機食品の割合は0.03％となる。

　販売額の回答があった百貨店1件については，年商約400億円のうち，食品の販売額は約100億円（25％）であり，有機食品の販売額は約5,000万円で

あった。食品に占める有機食品の割合は0.5％となる。この割合と2018年度の全国百貨店の商品別売上高より，食料品のうち惣菜以外が1兆2,633億円×0.005＝63.2億円，惣菜が3,596億円×0.001（下記⑧の中食に合わせる）＝3.6億円となり，これらを合わせて百貨店の有機食品取扱額は約67億円となる。

　販売額の回答があった青果物小売業者1件については，食品販売額が約260億円，そのうち有機食品の販売額が約1,000万円であった。食品に占める有機食品の割合は0.04％となる。

⑧ その他の流通経路

　上記以外に有機農産物・食品の流通経路として，産消提携，市（マルシェ），オーガニックフェスタ，通信販売・インターネット小売業者，中食などがあるが，これらはこれまで調査が実施できなかったため，他の調査結果を援用して推計する。

　産消提携やCSAなど生産者と消費者が直接取引をする流通経路については，2019年度の生産者調査結果（p160～162参照）から推計する。この調査は有機JASの認証を取得している生産者を対象としているが，それによれば，提携・CSAを販路としている有機農産物の販売額は，有機JASの格付けをしている農産物が37億7,130万円，格付けをしていない農産物が16億6,428万円となる。これに調査対象となっていない有機JAS認証を取得していない生産者の販売額を加味するため，格付けをしていない農産物の販売額を2倍と見積もると，37億7,130万円＋16億6,428万円×2≒71億円が産消提携等の販売額となる。

　有機農産物を中心とする市やオーガニックフェスタなどは，2000年代以降全国で展開しており，有機農産物を中心とする定期市も2016年時点で20箇所以上確認されている。これらの規模は多様であり，販売額は明らかとなっていないが，すべて合わせて1億円程度とみなす。

　通信販売・インターネット小売業における有機農産物・食品の販売額も明らかではないが，2019年度の生産者調査結果をもとに，販路のうち「他の直接販売」と「その他」の一部がこれらに含まれると仮定し，有機JAS認証を取得していない生産者の販売額を加味し，格付けしている農産物24億7,807万円＋格付けしていない農産物27億7,380万円×2≒80.3億円を生産者価格とする。これに流通マージンを加味すると，80.3億円×1.25≒100億円となる。

　中食についても有機農産物・食品の仕入額が明らかではないが，中食の市場規模7兆～10兆円の0.001％程度と仮定すると，百貨店の惣菜分を除いても約1億円となる。

（3）有機食品市場の構造と規模

有機食品市場の構造

　2019年度の生産者調査結果から，有機JAS認証を得ていないものを含め，有機農業により生産された農産物の供給は，専門流通事業者や自然食品店，産消提携や通販・農産物直売所などの直接販売，スーパーや生協，農協や卸売市場，その他でそれぞれ2割前後仕向けられていると推測される。

　ヒアリング調査から，製造業においては，有機加工食品の原材料は商社による輸入への依存度が高いが，国内の原材料農産物については生産者（団体含む）からの調達が多くなっている。

　また，卸売段階では，有機・自然志向の小売業者への供給は農産物と加工食品のいずれも専門流通業者の位置付けが高い。一方で，一般の小売業者への供給は，国産の有機農産物では専門流通業者の位置付けが高く，加工食品や輸入有機農産物では一般の卸売業者の位置付けが高い。

　小売段階では，スーパー等一般の小売店のシェアが5割程度を占め，専門小売業者や自然食品店が2割前後，生協が1割前後，飲食店など外食産業が1割弱を占めると推測される（図4-70）。

有機食品市場の規模の推計

　調査結果に基づき有機食品の流通経路ごとに取扱金額を推計すると，有機農産物専門流通事業者や自然食品店における有機食品の年間取扱額は434億円前後で，生協は224億円前後，スーパーは936億円前後，百貨店は67億円前後，農産物直売所は38億円前後，飲食店，宿泊業，給食事業，中食等の仕入額は158億円前後，産消提携や有機直売市，オーガニックフェスタ，通販・インターネット販売等の流通経路が172億円前後で，市場規模はこれらを合わせて2,029億円前後と推計される（図4-70）。

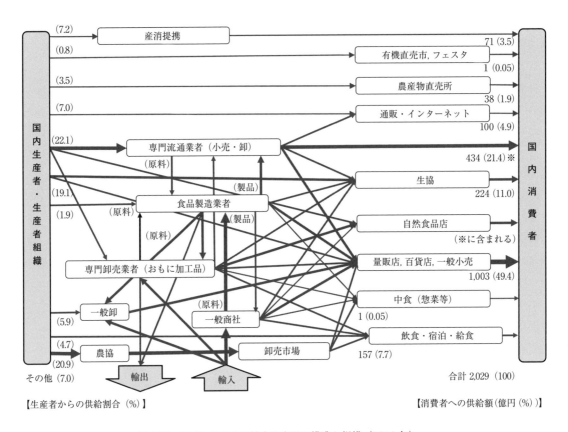

【生産者からの供給割合（%）】　　　　　　　　　　　　　　　　　　　　　　　　　　【消費者への供給額（億円（%））】

図 4-70　日本における有機食品市場の構造と規模（2018 年）

5. まとめ

　有機農産物・食品の流通は，産消提携など生産者と消費者が直接結びつくもの
から始まり，専門流通業者や自然食品店での取り扱い，生協産直などを加えて多
様化し，さらに百貨店，スーパー，製造業，飲食業などに一般化しながら展開して
きた。しかし，その全体像はこれまで把握できずにいた。また，市場規模もいく
つかの推計があるものの，推計方法によって結果にバラつきが見られた。そこで
今回は，ヒアリングとアンケート調査により，有機食品流通の動向と各流通経路・
主体における取扱実績データを収集し，市場構造の把握と市場規模の推計を行っ
た。

　調査・分析の結果，国内の有機食品流通の一般化は大きく進み，スーパーなど

一般の小売業者における有機割合は低いものの，2割程度の事業者で取り扱いがあり，有機食品全体の5割程度が一般の小売業者を通じて購買・消費されていると捉えることができた。一方で，国内生産者からの有機農産物の供給は，専門流通業者や生協などのシェアが高く，産消提携なども一定の役割を担っていることも示唆された。

この消費側と供給側のギャップを埋めているのが，1つには専門流通業者の卸売機能の拡大であり，専門流通業者がスーパーなど一般の流通業者への供給も担っている。もう1つは商社による輸入と製造業者や卸売業者への供給であり，ここからスーパーなど一般の小売業者に供給されていると考えられる。

製造業者においては，有機JAS認証を得た加工食品の製造は少ないものの，有機原料を使用している事業者も一定割合存在する。一般の食品製造業者における1990年代以降の有機食品の製造や利用と，生協や飲食店，一般の小売店などにおける有機加工食品の取り扱いの増加により，有機食品市場における生鮮食品から加工食品へのシフトも見られる。

生鮮有機農産物については，農産物直売所においても，有機JAS表示のある農産物は少ないものの，有機農業による農産物の取り扱いが一定程度あることが示された。そのほかに，今回は調査が及ばなかったが，有機直売市やインターネットによる販売なども近年シェアを伸ばしているものと推測される。

また，こうした中で，早くから有機農産物・食品の流通を担ってきた比較的小規模な専門小売業者や自然食品店などでは事業の縮小傾向も確認された。つまり，有機食品市場は単なる多様化・一般化にとどまらず，事業者・流通経路の再編を伴いつつ拡大していることが示唆された。

今回の調査・分析は，有機食品市場の構造と規模の把握を主眼としたが，今後，有機農業の拡大が求められる中で，こうした有機食品市場の構造（あり方）が，健全な有機農業の拡大を支えうるかが問われる。有機食品市場の構造と規模を継続的に把握しつつ，健全な有機農業の拡大に資する有機食品市場のあり方について検討していくことが求められる。

文献

IFOAMジャパンオーガニックマーケット・リサーチプロジェクト（2010）『日本におけるオーガニック・マーケット調査報告書』．

日本百貨店協会（2019）「平成30年12月 全国百貨店売上高概況」．

日本食糧新聞社（2020）『食料年鑑』．

日本フードサービス協会 (2018)『2018ジェフ年鑑』.

農林水産政策研究所 (2021)「令和2年度 農林水産政策科学研究委託事業 (平成30年度採択課題 欧米の有機農業政策および国内外の有機食品市場の動向と我が国有機農業および食品市場の展望 報告書」.

おいしいごはんの店探検隊 (2009)『充実改訂版 おいしいごはんの店：自然派レストラン全国ガイド』.

オーガニックヴィレッジジャパン (2018)『オーガニック白書：2017＋2016近未来予測』

新日本スーパーマーケット協会 (2018)「会員名簿2018」.

酒井徹 (2016)「日本における有機農産物市場の変遷と消費者の位置付け」『有機農業研究』第8巻1号, 日本有機農業学会.

総合市場研究所 (1997)『有機農産物マーケット総覧』.

総合市場研究所 (1999)『有機農産物マーケット総覧 99年版』.

東京都生活文化局価格流通部 (1995)『全国有機農業振興施策と生産実態の現状と今後の動向』.

山口タカ・OVJ (2017)『オーガニック電話帳：オーガニックの水先案内人』.

矢野経済研究所 (2018)『2018年版オーガニック食品市場の現状将来展望』.

やさしいくらしの店探検隊 (2006)『やさしいくらしの店：自然派ショップ全国ガイド』.

第5章

日本における有機食品の
市場推計

第5章　日本における有機食品の市場推計

谷口 葉子

1. はじめに

　本章ではドイツにおけるデータ収集手法を参考に，購買履歴データを用いて日本の有機食品市場の規模の推計を試みる。また，購買履歴データで捕捉しきれない生鮮野菜等の小売総額の推計を生産者に対するアンケート調査をもとに実施する。さらに，これらの推計結果を，①事業者の売上データに基づく推計，②POSデータに基づく推計，③有機JAS格付実績に基づく推計，④消費者アンケートに基づく推計と照らし合わせ，推計結果の差異と各手法の利点・欠点を整理する。

2. 購買履歴データを用いた有機食品市場の推計

(1) 使用データ

　日本国内では株式会社マクロミルと株式会社インテージの2社が購買履歴データを提供している。本研究では株式会社マクロミルが提供している購買履歴データ（QPR）を用いて市場推計を試みた。QPRは2012年から全国規模の調査を展開しており，モニター（消費者パネル）は沖縄県を除く全国15〜69歳までの男女が人口構成比に合わせて構成されている。購買履歴データにはモニターが購入したすべての商品についてのデータが収集されるが，バーコード（JANコードと呼ばれる13桁の商品識別コード）が付された商品のみを対象にしている。そのため，バーコードが付されていない青果物等のデータは含まれていない。購買履歴データにはJANコードのほか，それに付随する商品情報（商品名，内容量・規格，商品分類など），購入数量，金額等が記録される。JANコード統合商品情報データベースシステム（JICFS/IFDB）に設定された商品分類コードに従って商品分類されており，JICFSの大分類から細分類までの4段階での集計が可能となってい

る。本研究では2018年1〜12月に通期在籍モニターである計26,591人のデータを用いた。データ期間は2012年から2018年とし，各年次の有機市場規模について集計を行った。

(2) 有機食品リストの作成

今回の推計では有機認証された食品のみを対象とし，商品名に「オーガニック」「有機」「ビオ」「organic」「bio」といった言葉が含まれる商品を抽出した上で，「有機」等の言葉が「有機○○」「オーガニック○○」「○○ワイン（ビオ）」のように商品を直接形容する形で記載されているものを有機JAS認証品，あるいは有機JAS相当品とみなした。有機JAS対象外のもの（有機養殖物，アルコール飲料等），JAS規格はあっても2018年12月末現在で指定農林物資ではないもの（有機畜産物，有機畜産物加工食品）についても，国内外の有機認証機関により有機認証を受けているもの，国税庁のガイドラインに従って製造された有機加工酒類である旨の表示があるものについてはリストに含めることとした。転換期間中の記載のあるものもリストに入れた。

商品名より明らかに有機製品ではないと判別できるもの（「ラビオリ」「ワサビオイル」「有機酸」等）および「有機減農薬」「有機低農薬」「有機肥料で育てた」「特別栽培」などの語が含まれるものはリストから除外した。有機等の文字が商品名ではなく「有機大豆」，「有機栽培トマト」といったように材料名を形容している場合やメーカー名に「有機」などと入っている場合は，ホームページおよびネットショップやブログ等での情報をもとに有機認証されたものかどうかを確認し，有機認証品であることが確認できた場合にはリストに含めた。有機認証品ではない場合（強調表示に有機原料使用の旨が記載されているなど），ネット上で当該商品の情報が確認できない場合はリストから除外した。また，ギフトセットなどの詰め合わせ商品で，含まれる商品のすべてが有機食品でない場合はリストから除外した。また，単一の原料でつくられた加工食品であって，その原料が有機栽培されたものであっても，有機加工食品として認証されていない場合はリストから除外した。

全食品アイテムから商品名に「オーガニック」「有機」「ビオ」「organic」「bio」といった言葉が含まれる商品を抽出した結果，商品アイテム数（SKU）は10,699件（全食品アイテムの約0.5%）であった。この中から，上記の方法論に示した手順で対象外となるアイテムを除外した結果，9,180件の商品のデータを推計に用いることとなった。

(3) QPRによる有機食品市場の規模の推計

有機食品市場規模の推計結果は，図5-1に示す通りである。

2018年のバーコード付き有機食品（有機JASおよび有機JAS相当品）の市場規模は，約443億円と推計された。2012年からの推移を見ると，ゆるやかな成長基調にはあるものの，毎年成長を続けているわけではなく，増減を繰り返していることがわかる。2012年から2013年にかけては市場が縮小しているが，2013年から2016年までは成長に転じている。しかし2017年にはまた縮小し，2018年には再び成長に転じている。

JICFSの小分類の区分に従って有機食品市場に占める構成比を商品分類別に見てみると（図5-2），乳飲料が最も高い割合を占め，嗜好飲料，農産，珍味，水物，調味料，惣菜類，食用油，冷凍食品，農産乾物，アルコール飲料が続く。乳飲料には牛乳と豆乳が含まれるが，金額の大半は豆乳によるものである（図5-3参照）。年々増加傾向を示しているのは嗜好飲料であり，これにはコーヒー，紅茶，日本茶等が含まれる。農産には生鮮の野菜や果物が含まれ，2018年に大きく割合を伸ばしていることがわかる。珍味にはナッツ類や乾燥果実・乾燥野菜等が含まれ，2015年まで割合が減少したがその後増加に転じている。大幅に割合が縮小傾向を示しているのは水物で，これには豆腐，こんにゃく，納豆，油揚げなどが含まれる。調味料，惣菜類は横ばい，食用油は2015年に大きく増加してから減少に転じた。豆類や干しシイタケ等の農産乾物やアルコール飲料は増減を繰り返しながらも市場で一定の割合を有している。

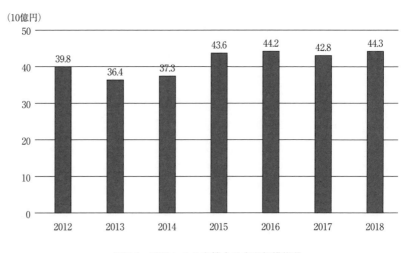

図5-1　QPRによる有機食品市場規模推計

注：野菜や果物等のバーコードなし商品や商品名に「有機」等の文字を含まない商品は除く

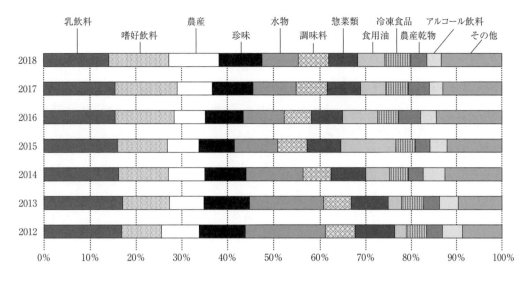

図5-2　有機食品市場のJICFS小分類による内訳

注：野菜や果物等のバーコードなし商品や商品名に「有機」等の文字を含まない商品は除く

（4）QPRを用いた市場推計の課題

　本推計は，有機食品の小売金額では諸々の制約により大幅に過小評価であることに注意が必要であるが，その規模が2018年時点で443億円程度であること，また欧米の有機食品市場のように一貫した成長傾向を示していないことは新たな知見を示したということができよう。

　本推計における制約は，そのまま，今後推計の精度を高めていく上での課題を示している。まずは，QPRの消費者パネルによるカバー率の問題である。15〜69歳までの男女の人口は84,958,471人（2018年）となっており，本推計に用いたQPRデータのカバー人口は全年齢を含む総人口ではないことに注意が必要である。本来であれば，70歳以上の世帯における消費も含めて推計を行うべきである。

　また，有機食品の売上の中でも高い割合を占めると考えられる青果物や米の大部分を含まないことは大きな欠点である。これについては流通事業者への聞き取りや生産者へのアンケート調査等による捕捉を試みるとともに，有機JAS格付数量等を参考にクロスチェックを行っていく必要がある。

　バーコードに付帯する情報の制約により，商品名に「有機」等の文字を含まない商品が捕捉できていないことも過小評価につながっている。流通業者等より取扱有機食品の一覧を入手するか，有機加工食品の認定事業者を対象に調査を実施

して有機加工食品のリストを作成するなどして，有機商品のアイテムリストの完成度を高めていく必要がある。

　さらに，国内事業者の間では「有機食品＝有機認証取得商品」であるという意識が徹底していないと考えられ，原材料が100％有機であっても有機認証を受けていないものをすべて除外した本推計は国内事業者の間では過小評価と映る可能性が高い。有機認証品に限定した推計に加えて，有機認証品と同等レベルのものを含めた推計も今後は検討していく必要があると考えられる。

3. 小分類別の推計結果

　ここでは前節の補足として，有機食品市場の年次推移における増減がどのようにして生じたのか，JICFS小分類（以下「小分類」）別の年次推移より読み取れる内容について考察する。有機食品市場全体の8～9割を占める11項目の商品群（小分類）について，その細分類別の内訳と年次推移を図5-3～図5-13に示した。以下，小分類別の売上高の年次推移を詳細にみていく。なお，以下の説明において，分類名はカギ括弧で示した。

(1) 乳飲料
　図5-3に見るように，有機製品としての販売実績のある小分類「乳飲料」は「豆乳」と「牛乳」のみであり，大半を「豆乳」が占めている。「豆乳」の販売額推移は有機食品市場全体の推移と類似しており，2013年と2017年に減少し，2015年に増加している。「乳飲料」は本推計における有機食品小売総額の中で1割を超えるシェアがあることから，こうした「豆乳」販売額の増減が市場全体の傾向に大きく影響したことが推察される。

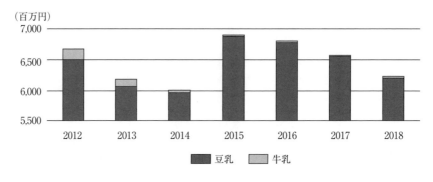

図5-3　「乳飲料」の販売額推移

(2) 嗜好飲料

　小分類「嗜好飲料」は図5-4に示されるように，「レギュラーコーヒー」や「紅茶」，「日本茶」，「その他の茶類」等から構成される。その中で，単体で大きな割合を占めるのは「日本茶」と「レギュラーコーヒー」であり，両者の販売額推移はいずれも若干の増減を示しながら，10億円前後で推移している。嗜好飲料全体では2012年から増加傾向が見られ，内訳を見ると「その他の茶類」の販売額の増加が大きく寄与していることがわかる。JIFCSの分類基準によると，「その他の茶類」には，薬草茶，野草茶，昆布茶，高麗人参茶，ハーブティーなどが含まれ，健康飲料として飲まれているものが多い。

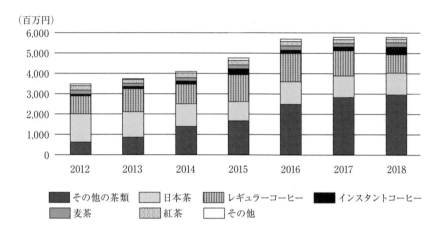

図5-4　「嗜好飲料」の販売額推移

(3) 農産

　小分類「農産」に属する細分類は「その他農産」のみであり，これには生鮮野菜や果物のほか，カット野菜や調味料付き鍋セット，きのこやスプラウト類といった幅広い商品が含まれる。図5-5に示されるように，2012年から2017年まで横ばい傾向にあったが，2018年に大きく増加している。しかし，生鮮農産物のデータは慎重に解釈する必要があり，2018年に本当に大きな販売額増加があったとは言い切れない点に注意が必要である。

　一般に流通している生鮮の野菜・果物の多くにはJANコードが付されておらず，小売業者の各店舗におけるインストアコードで管理されているものが多い。そのため，たとえば出荷業者が販売する有機生鮮野菜・果物にJANコードが付されるようになれば，QPRで捕捉できる販売額が増加する。2018年の「農産」の販売額

金額の増加は，そのような手続き上の変更が起こったことで引き起こされた可能性があり，十分な検証が必要である。

　また，仮に販売額が実際に増加していたとしても，それが販売数量の増加によるものであるとは限らない。一般に生鮮青果物の小売販売額は作況による影響を受けやすく，天候不順等を要因とする価格高騰により販売額の急な上昇を招く場合がある。一般の農産物に比べ，有機農産物の価格は安定的に推移する傾向があるが，2018年は災害の多発により多くの青果物の価格が高騰したことから，その影響を受けて販売額が増加した可能性があることを指摘しておきたい。

　なお，インストアコードでは，有機か否かの区分がなされていない場合が多く，仮にインストアコードが入手できても有機栽培品を抽出することは困難である。そのため，少なくとも現時点において，インストアコードを用いて有機生鮮農産物の小売総額を把握することは現実的ではない。

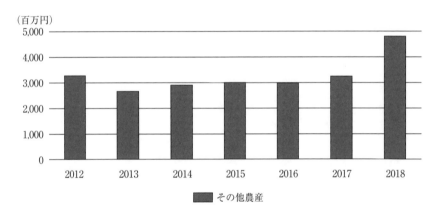

図 5-5　「農産」の販売額推移

(4) 珍味

　小分類「珍味」に含まれる細分類品目のうち，有機食品が属するものは「農産珍味」のみである。JIFCSの分類基準によると，「農産珍味」には，ナッツ類や落花生，干しブドウ，甘栗，ドライフルーツ，乾燥いも，砂糖漬けなどが含まれる。図5-6に示されるように，「農産珍味」の販売額は2012年から2014年にかけて一旦縮小し，2016年に拡大に転じている。

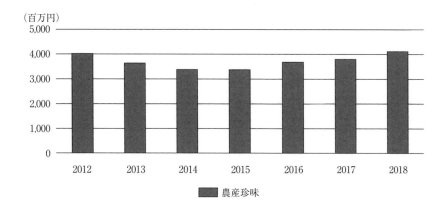

図 5-6 「珍味」の販売額推移

（5）水物

　小分類「水物」には,「豆腐」や「納豆」,「コンニャク」,「油揚げ」,「その他水物」が含まれる。図5-7に示されるように,「水物」全体の販売額は2012年から2018年にかけて減少傾向を示しているが,これには「豆腐」の販売額の減少が大きく関与している。2012年には50億円規模であった「豆腐」の販売額は,2018年には20億円を下り,2012年の半分以下にまで落ち込んでいる。

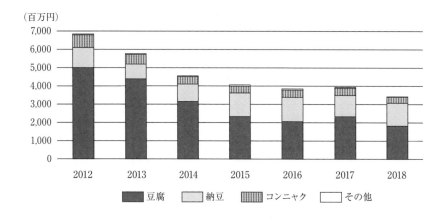

図 5-7 「水物」の販売額推移

(6) 調味料

　小分類「調味料」は計17の細分類項目で販売実績があった。このうち，2018年時点で最も大きな割合を占めるのは「食酢」であり，「ケチャップ」，「味噌」，「醤油」，「香辛料」が続く。「調味料」の販売額は若干の増減を繰り返しながらも，ゆるやかな増加傾向にある。販売額を大きく伸ばしているのは「食酢」であり，2015年より販売額が倍増した。

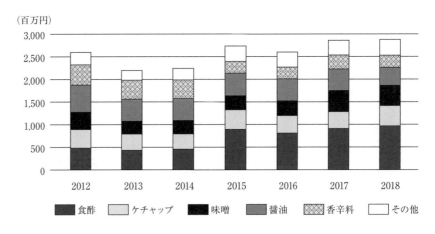

図5-8　「調味料」の販売額推移

(7) 惣菜類

　小分類「惣菜類」の細分類上の内訳は，「和惣菜」，「中華惣菜」，「サラダ」，「その他の惣菜」で，販売額のほとんどを「和惣菜」が占めている。推移としては若干の増減があるものの期間全体ではゆるやかな減少傾向を示している。

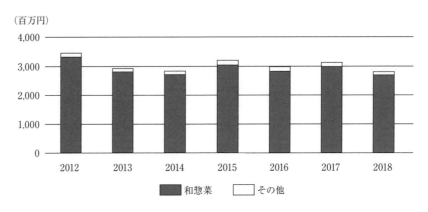

図5-9　「惣菜類」の販売額推移

(8) 食用油

　小分類「食用油」には「サラダ油・天ぷら油」のほか，「オリーブ油」や「その他の食用油」が含まれる。このうち，最も販売額が大きいのは「サラダ油・天ぷら油」である。図5-10に示されるように，有機の「サラダ油・天ぷら油」は2015年に大きく増加して40億円に迫る規模があったが，以後，急速に減少し，2018年は10億円を少し超える程度となっている。同様の傾向を示したのは「その他の食用油」で，2015年に急激に販売額を伸ばしたものの，2018年にはその3分の1の規模に縮小している。JIFCSの分類基準によると，「サラダ油・天ぷら油」にはシラシメ油（大豆油・ゴマ油・綿実油）のほか，ナタネ油，こめ油，大豆油，ベニバナ油，エゴマ油，ドレッシング専用油，鉄板焼専用油が含まれる。また「その他の食用油」にはバター油とショートニングが含まれる。2015年はエゴマ油や亜麻仁油，ココナッツオイル等の食用油が「スーパーフード」として人気が高まった時期であるが，こうした一部の食用油のブームが起きていたことが，2015年をピークとする増減を引き起こしていたと推察される。

　一方，「オリーブ油」の販売額は安定的に推移しており，2015年以降は着実な増加傾向にある。2018年は販売額が大きく伸び，2012年の販売額から倍増した。

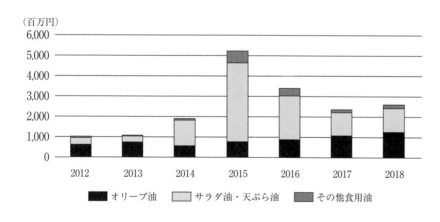

図5-10　「食用油」の販売額推移

(9) 冷凍食品

　小分類「冷凍食品」は，細分類では「冷凍農産素材」「冷凍調理」「その他冷凍食品」に区分されており，「冷凍農産素材」が有機製品の大半を占めている。「冷凍農産素材」には文字通り冷凍されている農産素材が含まれ，冷凍野菜，冷凍果実，フレンチポテトのほか，塩ゆで後に冷凍されたものを含む。図5-11に示されるよ

うに，「冷凍農産素材」の市場は増加傾向にあり，とくに2018年に大きく伸びている。

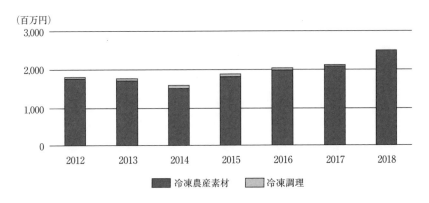

図5-11　「冷凍食品」の販売額推移

（10）農産乾物

　小分類「農産乾物」には細分類「ゴマ」，「豆類」，「その他農産乾物」が含まれる，JICFSの分類基準によると「その他農産乾物」には切り干し大根やかんぴょう，高野豆腐，湯葉，麩，ビーフン，春雨，葛きり，乾燥野菜が含まれる。有機製品の販売額のうち，最も大きな割合を占めるのは「ゴマ」である。「農産乾物」の販売額は2016年に大きく増加した後，減少傾向となっている。2016年の増加の内訳を見ると，「ゴマ」と「その他農産乾物」の両方が大きく販売額を伸ばしたことがわかる。そしてそのいずれもがその翌年，翌々年には徐々に販売額を減少させている。

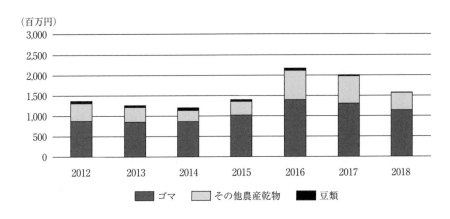

図5-12　「農産乾物」の販売額推移

(11) アルコール飲料

　有機製品としての販売実績がある小分類「アルコール飲料」は,「果実酒」,「スピリッツ」,「ビール」,「みりん」,「リキュール類」,「焼酎 (乙類)」,「清酒」,「発泡酒」であった。有機アルコール飲料の大半が「果実酒」,つまりワインである。「アルコール飲料」全体の販売額の推移はほぼ「果実酒」の推移を反映したものである。有機「果実酒」の販売額は,期間全体ではゆるやかな減少傾向にあり,2012年には16億円程度であったが,2018年に13億円程度に縮小している。

　なお,「アルコール飲料」に関しては日本のJAS制度の範疇外であるため,有機JAS認証の対象外となっている。そのため本推計では,国税庁が定める「酒類における有機の表示基準」に従って「有機農産物加工酒類」と表示されたもののみ,有機JAS相当品として推計に加えた。「有機米100%使用」表示のある清酒は少なくないが,今回の推計からは除外している。有機「アルコール飲料」の販売額については,そのような表示制度上の特性より現状を正しく把握できていない可能性が高く,データの解釈には注意が必要である。

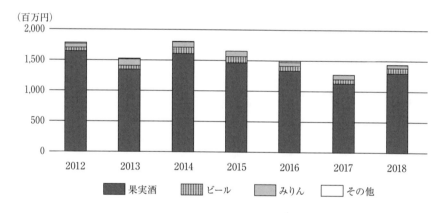

図 5-13　「アルコール飲料」の販売額推移

(12) 考察

　以上見てきたように,小分類別に市場の推移を見てみると,その動向は小分類ごとに大きく異なっていることがわかる。「嗜好飲料」,「農産」,「冷凍食品」については,期間中はおおむね増加傾向を示し,「水物」や「アルコール飲料」は減少傾向を示していた。「食用油」や「乳飲料」は2015年をピークとする山型の傾向を示し,「珍味」は逆に2015年を底とするU字型の傾向を示した。

　山型傾向ではないが,2015年の販売額が前後と比べて高かった商品群は「食用

油」と「乳飲料」のほかに「調味料」と「惣菜類」があり，2015年の消費傾向がやや特異的であったことが窺える。この年は全国的に「スーパーフード」が流行したこともあり，有機製品を積極的に評価しようというムードが高まった年であったことが推察される。つまり2015年から2016年にかけて市場が拡大し，その後2017年にやや縮小しているのは，有機食品との関わりが深い商品群のブームの発生が一定程度関与していたと考えられる。

　2012年から2013年にかけては，「乳飲料」，「農産」，「珍味」，「水物」，「調味料」，「惣菜類」，「冷凍食品」，「農産乾物」，「アルコール飲料」といった多くの商品群で販売額が減少していた。QPRデータからはその要因を明確に知ることはできないが，これらの品目には大豆加工品など原料の多くを輸入しているものや冷凍食品やワインなど完成品を輸入しているものが多いことから，2013年からの円安傾向やそれに伴う原料や燃料価格の高騰が，輸入を抑制したり販売価格の引き上げを招いたりして，2013年〜2014年の有機食品市場を縮小に導いた可能性がある。

　データから読み取れる内容やデータが示す傾向を説明する要因として推察しうる事項について述べてきたが，以上は推察に過ぎず，検証能力を持たない。そのため，本推計の結果を十分に理解するためには，流通事業者や加工メーカー等にヒアリング調査を行って情報を補っていく必要がある。

4. 生産者アンケートに基づく市場推計

(1) 生産者アンケートの概要
　第2節で述べたように，購買履歴データは商品識別コード（JANコード）が表示された商品のデータのみが収集されており，JANコードを表示せずに販売されることの多い生鮮野菜や米等の売上を正確に把握することができない。そのため，購買履歴データを用いて有機食品の市場推計を行う場合は，何らかの方法でそれらの売上を捕足する必要がある。

　そこで本研究では有機農産物の生産者を対象とするアンケート調査を実施し，JANコードを表示せずに販売されている生鮮農産物や穀類，一部の加工品の売上額よりそれらの小売総額の推計を試みた。アンケート調査の対象者は有機JAS認証事業者のうち，有機農産物の生産行程管理者とした。農林水産省ホームページに名前・住所の記載のある国内の生産行程管理者のうち，住所が完備であったすべての事業者（1,165件）に質問紙を配布した。法人やグループの場合，代表の方に回答をお願いした。質問紙は2019年11月6日に郵送により配布し，11月

25日を期限に回収した。セルフ式アンケートの「Questant」を利用して入力画面を作成し，希望者は質問紙を郵送する代わりにWeb上で回答できるようにした。回答謝礼はないが，希望者には一次集計結果（本報告書）をメール送信およびWeb上で開示した。11月末時点で，郵送による返信が294件，Web回答が20件あり，合計で314件の回答を回収した（回収率：27%）。うち，有効回答数を313件として集計した。なお，本調査では有機農産物として格付けされ，有機JASマークを付して販売されているものと，有機栽培によりつくられているものの，有機JASマークをつけずに販売されているもの（いわゆる「非JAS有機」）の両方の生産・販売状況について質問を行っている。

（2）一次集計結果

　まず，アンケート調査の結果より，回答者の経営規模，年間販売額，加工品製造への取組実態について概観しておきたい。

　まず回答者の経営耕地面積は最小で4.3a，最大で630haと大きなバラつきがあった。経営耕地面積の平均は14.5haであり，うち，有機栽培面積の平均は7.08ha，有機JAS面積は5.35haであった。回答者の有機JAS面積は総計で1,519haであり，国内の有機JAS面積の14.7%を占めていることがわかった。

　回答者が販売する有機農産物の年間販売額の平均は2,239万円であり，うち，有機JAS認証を取得した農産物の比率は平均で75%であった。有機農産物販売額は総計で約68億5千万円であり，うち，有機JAS認証を受けた有機農産物の販売額は約47億円であった。品目別に見てみると，JAS有機農産物の総販売額に占める割合が最も高かったのは「野菜」であり，62.87%を占めていた。非JAS有機でも「野菜」の構成比が最も高く49%であった。販路別では，JAS有機農産物の総販売額に占める割合が最も高かったのは「スーパー・生協等」（21.98%）であり，「専門流通」（15.7%），「提携・CSA」（10.09%）が続いた。非JAS有機農産物の販路のうち，最も販売額の割合が高かったのは「農協・卸売市場」（34.27%）であり，「スーパー・生協等」（16.18%），「専門流通」（14.20%）が続いた。

　生産者による農産物の加工品製造・販売への取り組み（いわゆる「六次産業」）の実態について見てみると，4割の回答者が何らかの形で加工品の製造に取り組んでいるか，過去に取り組んだことがあり，そのうち，3割が自身の農業経営もしくは所属する法人・出荷グループの商品として製造していることがわかった。自身の農業経営もしくは所属する法人・グループで販売する加工品に取り組む回答者（n=100）のうち，84%は「原料の95%以上が有機食材である加工品」を製造している。有機原料を95%以上使用して製造される加工品（有機加工品）の販

売額の合計は約10億8,800万円であり，うち，約5億9,300万円（有機加工品売上総額の55%）が有機JAS認証を取得したものであった。また，有機加工品（非JAS認証品を含む）を製造している回答者（N=96，無回答者を除く）のうち，バーコード（JANコード）表示をしている製品の比率は平均で39%であった。即ち，有機加工品製造に取り組む回答者の事業規模が均等であると仮定すると，販売額合計の約4割，すなわち約2億3,700万円がバーコードを表示しないで販売されていることになる。

(3) 有機JAS認証を受けた生鮮有機農産物の市場推計

　生産者アンケートの結果を用いて，生鮮有機農産物の国内販売額を推計し，昨年度加工食品を中心に算出した有機食品市場の推計額と合算して，2018年度における国内有機食品市場の推計値の精度向上を試みた。今回実施したアンケート調査は，有機JAS生産行程管理者を対象として実施したものであり，上に述べたように配布数1,165件に対し有効回答数313件（回収率：27%）であった。しかし，この配布数は有機JAS認証を取得している全農家ではなく，農林水産省のホームページへの記載を承諾している生産行程管理者（かつ住所が完備であるもの）であり，かつ，複数の農家がグループを形成して認証を取得している場合はその代表者のみを調査対象としている。また，有機JAS認証を取得している農家は有機農家全体の3割強程度であると推定されており（MOA自然農法文化事業団 2011），本アンケートは母集団全体を対象に実施したものではないことにまず注意が必要である。

　生鮮有機農産物の販売額の推計にあたっては，有機JAS認証を受けた農産物のみを対象とし，回答者を圃場面積による階層で区分して，各階層での販売額の中央値と各階層に属する農家戸数の推計値を掛け合わせて階層別の販売額を推計し，それを足し合わせて全体の推計値とした。農家戸数は全国の有機JAS取得農家戸数を4,000戸と仮定し，さらに各階層の構成比がアンケート回答者の構成比と同等であると仮定して推計した。結果は表5-1に示した。

　表5-1に見るように，全体推計の総計値は373億7,658万円となった。ただし，これらは農家の手取り額であり，流通マージンは考慮していない。そこで，回答者の販路別の販売額構成比より直接販売の比率を21.52%と仮定し，残り78.48%に30%の流通マージンを付加して計算したところ，461億7,652万円という値になった。以降ではひとまずこの値を国内の有機JAS認証を受けた生鮮有機農産物の市場推計額と考える。

表 5-1　JAS 有機農産物の販売額推計

（単位：万円）

	有機農産物の年間販売額		回答者		全体推計	
	(a) 中央値	(b) 合計	(c) 件数	(d) 構成比	(e) 戸数推計 (d) × 4,000	(f) 販売額推計 (a) × (e)
1ha 未満	137	68,222	82	26.20%	1,048	143,042
1ha 以上 3ha 未満	300	108,819	89	28.43%	1,137	341,214
3ha 以上 8ha 未満	1,000	124,819	69	22.04%	882	881,789
8ha 以上	4,999	232,760	34	10.86%	435	2,172,252
無回答	400	31,663	39	12.46%	498	199,361
総計		566,282	313	100.00%	4,000	3,737,658

（4）購買履歴データ（QPR）による推計結果との合算による全体推計

　次に，第2節で述べた購買履歴データ（QPR）を用いた JAN コード表示された有機食品の市場推計結果（約443億円）と生産者アンケートに基づく生鮮有機農産物の市場推計結果を合算し，さらにバーコードが付されていない有機加工食品の市場推計額を加えることで，国内の有機食品市場規模の推計額に改良を加えたい。

　まず，QPR データから生鮮有機農産物の売上額を除外する。一般に，野菜や米などの生鮮農産物は，JAN コードをつけずに販売されることが多いため，バーコードをスキャンして得られる購買履歴データには反映されにくい。しかし一部の商品には JAN コードが付されており，その計上分である約52.1億円（農産：48.4億円，米：1.5億円，その他穀類：2.2億円）を推計値から差し引いた。差引後の推計値は約390億円となった。

　次に人口カバー率の調整を行った。QPR データは15歳から69歳までの購買履歴しか含まないため，人口カバー率が67.2%にとどまり，残りの32.8%による購買が反映されていない。そのため，15歳未満と70歳以上の人々も同水準で購買を行っていると仮定し，上記で得られた差引後の推計値390億円を0.672で除したところ，約581億円と計算された。

　続いて，JAN コードが付されていない有機加工食品の販売額を推計した。今回のアンケート調査では有機JASを取得した加工食品の販売額の総計が5.93億円であった。有機JAS取得者総数を4,000と仮定すると，回答者が全体に占める

第5章　●　日本における有機食品の市場推計

割合は約7.8%であるため，5.93億円を0.078で除して日本全体の推計額を75.8億円と見積もった。アンケート結果より，加工品を販売する回答者が商品にJANコードをつける比率の平均は39％であるため，上記の見積額に61％を乗じてJANコードの付されていない有機加工食品の販売額とした。計算結果は約46億円となった。

以上より，国内の有機食品市場（有機JAS認証品）は，JANコードの付いた加工食品（約581億円）にJANコードの付いていない加工食品（約46億円）および生鮮農産物（約462億円）の販売額を足し合わせることで，約1,089億円と計算できる。

本研究による有機食品市場の試算も多くのバイアス要因があり，以下の点に十分に注意する必要がある。まず，人口カバー率の調整では15歳未満と70歳以上の人々による購買を15歳以上〜70歳未満層と同程度と仮定したが，実際には購買金額は相対的に低いと考えるのが妥当であり，大きな過大評価要因となっている可能性がある。また，バーコードの付されていない加工食品の割合は，有機JAS製品では低いと思われる。今回のアンケート調査ではJAS認証を取得していない加工食品も含めてバーコード表示の比率を尋ねたものであったため，過大評価になっている可能性がある。また，今回の試算では，豆類や茶類についてはQPRデータから除外していないが，これらの一部はアンケート調査で回答された販売額に含まれ，ダブルカウントとなっている可能性がある。正確性を向上させるには，こうした商品のJANコードの表示比率を調べ，表示分をアンケート調査による推計額から除外する等の調整が必要と考えられる。

5. 事業者の売上データに基づく市場推計

本書の第4章では，事業者の売上データに基づく市場推計について詳しく述べられている。ここでは業態別にアンケート調査を実施し，回収されたサンプルから有機食品の売上額の全体推計を行う方法と，ヒアリング調査により売上額を積み上げる方法が併用されている。ヒアリング対象はアンケートの対象から外し，重複のないように売上額を積み上げ，アンケート調査をベースとする全体推計の結果に足し合わせる形をとっている。推計の結果は2,029億円前後となった。うち，158億円は飲食店・宿泊・給食・中食事業者における有機食品の仕入額であるため，これを差し引いた1,871億円が推計された小売総額ということになる。

上記の推計結果が購買履歴データ（QPR）と生産者アンケートを用いて行った推計結果（約1,089億円）と比べ782億円程度高い金額となっている。そのおも

な要因としては，上記の推計では「有機食品」の定義を厳密に有機認証品に限定していないことが考えられる。また，回収したサンプルにきわめて売上高の高い事業者が含まれている等，外れ値の影響を受けた可能性も考えられる。さらに，POSデータと同様，小売段階のデータは需要者の識別が困難であり，飲食事業者等が業務用に調達したものが含まれている可能性がある。

　事業者の売上データは，回答者が有機食品の定義を正しく理解している限り，消費者アンケートのような主観に頼る手法に比べて客観的で信頼性が高いというメリットがある。有機食品を熱心に取り扱う事業者からのデータ収集は比較的容易でコストがあまりかからない点も利点と言えるだろう。ただし，業態別に分けたとしても，完全な母集団名簿の作成は困難であり，母集団代表性の確保や回収サンプルが全体に占める比率の把握は容易ではない。また，アンケート調査では回収率が低く，外れ値の影響を受けやすい点にも注意が必要である。

6. POSデータに基づく市場推計

(1) データの概要

　欧米ではPOSデータを用いて市場推計を行う国が少なくない。そこで本研究でも日本経済新聞社が収集しているPOSデータを取り寄せ，有機食品の市場推計を試みた。日本経済新聞社は独自に収集している「日経収集店舗（スーパー・CVS）」と，株式会社マーチャンダイズ・オンの流通POSデータベースサービス（RDS）から提供を受けるPOSデータを有償で提供している。

　日経収集店舗のうち，スーパーの収集店舗数（2019年10月現在）は全国で461店舗であり，内訳は北海道が18店舗，東北が32店舗，北陸が25店舗，関東外郭が53店舗，首都圏が122店舗，中京が37店舗，近畿が71店舗，中国31店舗，四国21店舗，九州51店舗となっている。日経収集店（スーパー）は全国規模もしくは地域展開する小売チェーンや生協で構成されており，商業統計と照らし合わせた上で，地域バランスを考慮して店舗が選定されている。

　CVSの収集店舗数（2019年4月現在）は3チェーン52店舗であり，地域は関東に限られている。CVSのチェーン名は公表されていない。RDSから提供を受けるデータの店舗数は毎週（月）異なり，チェーン名やチェーン数は開示されていない。

　本研究で特定した9,180件の有機製品のうち，生鮮農産物を除く計8,500件の商品の販売額が集計対象となった。

(2) 店舗数の確認

　市場推計にあたってはまず，スーパー，CVSの店舗数の母数を確認する必要がある。平成26年商業統計によると，全国の総合スーパーの事業所数は1,413件，食料品スーパーの事業所数は14,768件で，合わせて16,181件となっている。コンビニエンスストアの事業所数は35,096件となっている。全国スーパーマーケット協会が運営するサイト「統計・データでみるスーパーマーケット」内に掲載されているスーパーマーケット店舗数は，2020年12月現在で総合スーパーが1,793件，食品スーパーが20,642件と若干高めの値となっている。なお，2018年に発行された日本スーパー年鑑（2019年版）の掲載対象となった店舗数は，総合スーパーは1,199店舗，食品スーパーは15,986店舗であった。今回の試算では政府統計である平成26年商業統計に記載された店舗数を用いて推計してみたい。

(3) 推計結果

　推計に用いたPOSデータは商品別に年間の売上額が集計されたデータである。2018年の有機食品の販売額合計は日経収集店舗（全スーパー）で約13.4億円（対象店舗数：5,497），日経収集店舗（CVS）で約7億円（対象店舗数：686），RDSでの販売額合計は約3.4億円（対象店舗数：3,264）であった。データに記録された対象店舗数は延べ店舗数であるため，5,497店を12で割り，月当たり平均の店舗数は約458店となる。これが全国のGMS・SM事業所数に占める割合は2.8％となる。データ収集店舗の母集団代表性を仮定し，日経収集店舗（全スーパー）における2018年の有機食品の販売額を2.8％で除すると約478.1億円となる。ただし，これはあくまでスーパーで販売された有機食品の販売額を推計したもので，QPRによる推計値と比較するには他のチャネルを含めた小売総額を推計する必要がある。そこで有機豆腐・有機納豆・有機味噌・有機醤油の4品目について，QPRのローデータよりスーパーのシェアを確認したところ，有機豆腐が81.52％，有機納豆が84.28％，有機味噌が57.17％，有機醤油が56.11％で，4品目の平均が69.77％であった。有機食品の小売チャネル全体に占めるスーパーの販売額シェアを69.77％と仮定すると，POSデータによる推計値は478.1億円を0.6977で除して約685億円となる。

　これをQPRによる推計値と比較してみたい。まず，今回試算に用いたPOSデータには生鮮農産物のデータが含まれないため，QPRによる推計から農産（48.4億円）を差し引く。次に，70歳以上・15歳未満層が残りの人口と同程度の有機食品を購入していると仮定して，人口カバー率（67.2％）の調整を行うと，

推計値は約587億円と修正される。これを上記のPOSデータによる推計値（約685億円）と比べると，POSデータによる推計がやや大きめの金額となることがわかる。

次に，有機醤油を例に，2012年から2018年にかけての市場推計値の年次推移を，POSデータによる推計とQPRによる推計とで比較した（表5-2および図5-14）。図に見るように，期間を通して有機醤油の市場規模が縮小傾向にあることや，2012年から2013年にかけて急激に縮小したことについては両推計とも同様の傾向を示している。しかし，2013年から2014年にかけての変化率（POSが−4.7％，QPRが0％）や2014年から2015年にかけての変化率（POSが−5.3％，QPRが＋2％），2017年から2018年にかけての変化率（POSが−1.3％，QPRが−16.8％）は両推計の間で大きく異なっている。そのためPOSデータはQPRによる推計のクロスチェックの手段として一定程度参考になるものの，前年からの変化率のような短期間での指標の確認にはあまり適していないと考えられる。

POSデータを用いた推計がQPRデータを用いた推計よりも大きな値となった要因としては，まず，POSデータは小売り段階で収集されるデータであるため，飲食店などの業務用に購入された商品の売上が少なからず含まれる点が考えられる。そのため，家庭内消費用の商品の売上のみが対象となる市場推計においては過大評価の原因となりやすい。次に要因となりうるのは，POSデータの偏りである。データ収集先店舗の抽出（選定）の基準については公開されておらず，母集

表 5-2　有機醤油の市場推計
（POS および QPR データによる推計：2012 年〜 2018 年）

（単位：百万円）

年	POS				QPR			POS /QPR
	販売金額合計（データ収集店舗）	市場推計値（スーパー）	市場推計値（チャネル比率調整後）	変化率	市場推計値（カバー率67.2%）	市場推計値（カバー率調整後）	変化率	
2012	27.8	993	1,424		607	903		158%
2013	23.7	847	1,214	− 14.7%	489	728	− 19.3%	167%
2014	22.6	807	1,157	− 4.7%	490	729	0.0%	159%
2015	21.4	765	1,096	− 5.3%	499	743	2.0%	148%
2016	19.9	712	1,021	− 6.9%	486	723	− 2.6%	141%
2017	19.9	709	1,016	− 0.4%	475	707	− 2.2%	144%
2018	19.6	700	1,003	− 1.3%	396	589	− 16.8%	170%

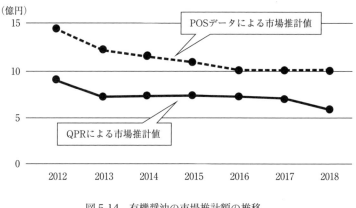

（億円）

POSデータによる市場推計値

QPRによる市場推計値

図5-14　有機醤油の市場推計額の推移

団代表性を評価することができないが，POSレジを設置する店舗は熱心に販売努力を行う店舗であると考えられることから，有機食品についても比較的売上のよい店舗に偏っている可能性がある。母集団の偏りについては，店舗属性や消費者属性でデータを識別して層別抽出を行えば一定程度解消できるようにも考えられるが，そのようなサービスは提供されていない。

7. JAS格付実績に基づく市場推計

(1) JAS格付実績とは

　本節では，クロスチェックを行う目的で，格付実績に基づく市場推計を行ってみたい。格付実績とは有機JAS認証事業者が日本農林規格を満たしているとして格付した有機農畜産物・飼料・加工食品の生産量のことで，集計日からさかのぼって1年間の数量が集計されている。この格付実績には国内だけでなく外国で生産されたもののうち，日本向けに出荷された数量も記載されているが，この数量には日本の有機JASと同等性があるとされた国（EU加盟国，アメリカ，オーストラリア，アルゼンチン，ニュージーランド，スイス，カナダ）において，その国の有機認証制度に従って認証を受けて日本へ輸出されたものも含まれる。しかし，加工原料等の業務需要に回されたものや海外へ輸出されたもの，流通過程で廃棄されたもの，自家消費されたものがどの程度であるかは不明である。また，穀類や豆類のような貯蔵可能な農産物や加工食品については生産年と同年に消費されないものも多いことから，格付数量＝小売数量と捉えることはできない。さらに，

野菜や米等については直接販売されているものも多く，中間マージンが低く抑えられている点にも注意が必要である。そのため，格付数量を用いて市場規模（小売総額）の推計を行う際には商品分類ごとの流通構造を把握しておくことが望ましい。

(2) 推計方法

　上記の制約にかかわらず，本研究では前節までに試みた市場推計の方法により得られた試算結果の妥当性を確認（クロスチェック）する目的で，格付実績を用いた推計を試みた。本研究では2018年時点での有機食品市場の規模の推計を中心に据えているため，2018年4月1日から2019年3月31日までの格付実績の集計値が記載された『平成30年度認証事業者にかかる格付実績』に示された格付数量を用いて推計を行うことにした。可能な限り国内の小売総額に近似した値とするため，「有機農産物」については国内で格付された野菜・スプラウト類・果実・米・雑穀類・きのこ類の格付数量のみ計上し，その他の品目や外国で格付されたものはすべて加工原料として使用されていると仮定した。「有機加工食品」の格付数量については国内外を問わず最終消費されているものと考えた。有機飼料は人の食用に供されていないため，また有機畜産物については加工原料として使用されていると考えて除外した。以上の格付数量から，農林水産省のホームページに掲載されている『米国，カナダ，EU加盟国及びスイス向け有機食品輸出数量』に記載された2018年の輸出量（同等性の仕組み等を利用した輸出分のみ）を差し引いた数量を日本国内で流通している有機農産物・有機加工食品の数量とした。

　市場規模の推計は上記の通り整理した格付数量にトン当たりに換算した価格を掛け合わせて求めた。加工食品については，日本経済新聞が提供するPOSデータ（日経収集店舗のうち，スーパーマーケットのみ）より，品目ごとの販売額総計を総販売容量で除して求めたg (ml) 当たりの価格を用いた（つまり，販売数量で重みづけをした加重平均となる）。格付実績の品目分類には詳細な定義が示されておらず，筆者による想定で品目の振り分けを行った。そのためPOSデータにおける品目分類と格付実績の品目分類のマッチングについては実態とは異なる可能性がある。有機農産物については「スプラウト類」と「雑穀類」のみPOSより価格を算出し，「果実」「米」「きのこ類」についてはネット検索により複数の標準的な有機商品の価格を調べ，その平均値をもって当該品目分類の価格とした。

　野菜については2通りの価格を算出している。1つは，農林水産省が公表している『生鮮野菜価格動向調査』の結果より，15品目の有機野菜の販売価格（2014～2016年の3か年の平均値）の単純平均である。もう1つは，同調査より得られ

た有機栽培品と標準品の価格の比率（2014～2016年の３ヵ年の平均値）を用いて，家計調査年報に報告された2018年の野菜価格に価格比率を上乗せして求めたものである。価格比率の平均は156.51と計算された（表5-3）ため，家計調査に記載された生鮮野菜価格（43.73円/100g）に1.5651を乗じた68.44円/100gを有機野菜価格とした。さらに，第４節の生産者アンケートの結果より，有機農産物の直接販売の比率は平均で21.52％であったことから，国内流通する「有機農産物」のうち，21.52％が直接販売されており，それらが上に述べた価格よりも２割程度安い価格で販売されていると仮定した。

表5-3　生鮮野菜価格動向調査（有機／標準品 価格比）

	2014 年	2015 年	2016 年	3 ヵ年平均
だいこん	164	164	161	163
にんじん	175	173	174	174
ごぼう	137	137	141	138
みずな	162	155	154	157
こまつな	153	151	153	152
キャベツ	204	160	176	180
ほうれんそう	158	145	146	150
ねぎ	136	129	136	134
きゅうり	160	160	161	160
なす	150	122	138	137
トマト	164	142	154	153
ミニトマト	148	135	142	142
ピーマン	186	177	183	182
ばれいしょ	154	155	152	154
たまねぎ	163	179	174	172
平均	—	—	—	156.51

資料：農林水産省『生鮮野菜価格動向調査』平成26～28年調査結果

(3) 推計結果

　以上の仮定をおいて計算した結果を表5-4および表5-5に示した。有機農産物の小売総額は，家計調査の生鮮野菜価格（価格A）を使用して推計した場合は468億円，生鮮野菜価格動向調査の平均価格（価格B）を使用して推計した場合は593億円となった。有機加工食品の小売総額は2,257億円となり，有機農産物と合わせると総計で2,725億円（価格A）および2,850億円（価格B）となった。これは購買履歴データと生産者アンケートを用いて実施した推計（1,089億円）を大幅に上回る金額となっている。有機農産物の推計額のみを見ると生産者アンケートで推計した金額（有機農産物全体で462億円）と近い金額になっているが，有機加工食品については，購買履歴データによる推計（390億円 ※生鮮農産物と米を除く）の6倍近い規模となった。

表5-4　有機農産物の格付実績に基づく販売額推計

	①国内で格付数量（t）	②うち，輸出量（t）	国内小売販売量（①−②）(t)	うち，直接販売（t）	価格A（円/g）	価格B（円/g）	価格A×国内小売量（百万円）	価格B×国内小売量（百万円）
野菜	42,213	6	42,207	9,083	0.684	0.994	27,643	40,148
スプラウト類	3,626		3,626	780	0.692	0.692	2,400	2,400
果実	2,805		2,805	604	2.377	2.377	6,380	6,380
米	8,635		8,635	1,858	0.982	0.982	8,112	8,112
雑穀類	56		56	12	2.687	2.687	144	144
きのこ類	542		542	117	4.1	4.1	2,127	2,127
計	—	—	34,024	—	—	—	46,806	59,311

資料：
農林水産省「平成30年度有機農産物等の格付実績（令和2年9月24日訂正）」https://www.maff.go.jp/j/jas/jas_kikaku/yuuki_old_jigyosya_jisseki_hojyo.html（閲覧日：2021年10月26日）
農林水産省「米国，カナダ，EU加盟国及びスイス向け有機食品輸出数量（同等性の仕組み等を利用した輸出分のみ）」https://www.maff.go.jp/j/jas/jas_kikaku/attach/pdf/yuuki-203.pdf（閲覧日：2021年10月26日）
注：
つぎの品目についてはすべて加工原料や業務用として販売されていると想定し，計算から除外した。麦，そば，大豆，その他豆類，ごま，緑茶（生葉・荒茶），その他茶葉，コーヒー生豆，ナッツ類，さとうきび，こんにゃく芋，パームフルーツ，桑葉，植物種子，香辛野菜，香辛料原料品，カエデの樹液，その他の農産物
スプラウト類と雑穀の価格は2018年のPOSデータより販売金額を販売容量で除して求めた
果実，米，きのこ類についてはインターネット上より複数商品の価格を調べ，その平均値を用いた
価格Aは家計調査の生鮮野菜価格に表5-3で計上した価格比率を乗じて計算した有機野菜価格，価格Bは生鮮野菜価格動向調査より算出した有機野菜の平均価格を用いた

表5-5　有機加工食品の格付実績に基づく販売額推計

	①国内格付数量（t）	②うち，輸出量（t）	③外国格付数量のうち，日本向け出荷数量（t）	国内小売販売量（①＋③－②）（t）	価格（円/g）	価格×国内流通量（百万円）
冷凍野菜	70		1,496	1,566	0.797	1,248
野菜びん・缶詰	20		3,757	3,777	2.380	8,988
野菜水煮	504		9,839	10,343	0.675	6,979
野菜飲料	3,740		806	4,546	0.261	1,189
その他野菜加工品	2,172	23	1,540	3,689	0.545	2,012
果実飲料	2,267	37	6,065	8,295	0.658	5,456
その他果実加工品	827	48	2,025	2,804	2.253	6,317
茶系飲料	14,509		13	14,522	0.089	1,295
コーヒー飲料	1,519		95	1,614	0.325	524
豆乳	31,606		1,635	33,241	0.206	6,841
豆腐	10,102		0	10,102	0.298	3,007
納豆	1,463	4	0	1,459	1.041	1,519
みそ	2,450	84.6	262	2,627	0.683	1,794
しょうゆ	4,055	1,116	5	2,944	0.648	1,907
食酢	1,083	28	222	1,277	0.897	1,145
小麦粉	593		235	828	0.718	594
その他麦粉	47		385	432	1.295	559
パスタ類	0		1,852	1,852	1.172	2,171
米加工品	636	11	21	646	2.158	1,395
その他穀類加工品	1,148		2,047	3,195	1.560	4,983
ごま加工品	664		3	667	3.233	2,157
ピーナッツ製品	269		306	575	1.084	623
その他豆類の調整品	3,090		146	3,236	1.371	4,435
乾めん類	129		45	174	1.197	208
緑茶（仕上げ茶）	3,111	754	0	2,357	6.625	15,619
その他の茶（仕上げ茶）	678		840	1,518	5.932	9,004
コーヒー豆	2,567		1,238	3,805	4.056	15,431
ナッツ類加工品	1,329		5,626	6,955	1.377	9,575
こんにゃく	1,356	99	112	1,369	0.784	1,073
食用植物油脂	92		2,538	2,630	4.049	10,650
砂糖	33		35,730	35,763	1.108	39,641
糖みつ	11		394	405	1.925	780
香辛料	56		194	250	10.750	2,688
牛乳	909		0	909	0.392	356
畜産物加工食品	182		0	182	3.962	721
その他の加工食品	1,786	67	25,723	27,442	1.923	52,771
計	—	—	—	197,996	—	225,656

資料：
農林水産省「平成30年度有機農産物等の格付実績（令和2年9月24日訂正）」https://www.maff.go.jp/j/jas/jas_kikaku/yuuki_old_jigyosya_jisseki_hojyo.html（閲覧日：2021年10月26日）
農林水産省「米国，カナダ，EU加盟国及びスイス向け有機食品輸出数量（同等性の仕組み等を利用した輸出分のみ）」https://www.maff.go.jp/j/jas/jas_kikaku/attach/pdf/yuuki-203.pdf（閲覧日：2021年10月26日）
注：価格は2018年のPOSデータより販売金額を販売容量で除して求めた

このような差額が生じた要因はいくつか考えられる。1つは，市場規模の計上に含めた野菜や米，加工食品のすべてが，業務需要や自家消費ではなく小売販売されたものと乱暴な仮定を行っている点である。外国で製造された有機加工食品の多くが国内メーカーにより加工原料として輸入されていると考えられるため，これは大きな過大評価要因となる。有機農産物についても，本研究で実施した生産者アンケートの結果より，販売額の1割強が業務需要へ仕向けられていることから，若干の過大評価となっている。

格付数量と掛け合わせる有機農産物価格を生鮮野菜価格動向調査等に記載された価格の単純平均を用いたことも，過大評価要因である。この調査では小売店での販売価格を調べたものであるため，宅配等の他の業態と比べて割高な価格となっている可能性が高い。また，単純平均は外れ値の影響を受けやすく，低価格帯の商品の販売数量が格段に大きい場合は中央値から大きく乖離することになる。加工食品の推計で行ったように，価格は単純平均ではなく販売数量で重みづけをした加重平均や中央値を用いた方が実態をよりよく反映した推計が行えると考えられるが，今回の推計においてはそのような価格データを入手することができなかった。そのほか，米国，カナダ，EU加盟国およびスイス以外の国への輸出について考慮していないことも，過大評価要因となっている。

一方，麦や大豆等，推計に用いなかった品目，および外国で格付された有機農産物はすべて加工原料として使用されるという仮定をおいたことは過小評価要因となる。品目別の販路の構成比を明らかにすること，また格付実績と掛け合わせる有機農産物価格に販売数量による重みづけをすることで，格付実績を用いた市場推計値の精度は大きく改善できると考えられる。

8. 消費者アンケートに基づく市場推計

(1) 先行研究における推計結果

消費者アンケートは，事業者の売上データに基づく推計と並んで，国内の有機食品市場の規模を推計する手法として近年定着しつつある。OMR・IFOAMジャパン（2010），農林水産省（2020）も同様の手法を用いて実施された。OMR・IFOAMジャパン（2010）の中で市場推計が行われた手順はつぎの通りである。まず，アンケート調査は一般消費者を対象とする一次調査（n=2876）と一次調査で「週1回以上有機食品を利用する」と回答した消費者を対象とする二次調査（n=501）の2回にわたって実施された。いずれもWebアンケート方式を用いて調査会社に登録されたモニターを対象に実施された。

アンケート結果より，「ほとんどすべて有機を購入している」と答えた回答者（回答者全体の0.9％）が購入している1ヵ月当たりの有機食品購入金額を11,800円と推定した上で，日本全国に同じ比率の購買層が存在している（世帯数（4,900万）×0.9％＝44.1万世帯）との仮定の下，この層の1年間の購入金額は11,800円×12ヵ月×44.1万世帯＝約624億円と推計された。この層は有機JAS認証に対する理解度が高く，回答された購入金額も信頼性が高いと考えられることから，この値をパレート分布（上位20％で全体の75％を占めるモデル）のモデルに当てはめて，「週1回以上有機食品を購入している人」を母数として全体推計を行っている。「週1回以上有機食品を購入している人」のうち，「ほとんどすべて有機を購入している」と答えた回答者は4.2％であったことから，パレート分布に当てはめるとこの層は全体の47.2％を購入しているとされている。したがって624億円を0.472で除して得られる1,322億円が週1回以上有機食品を購入している層の市場規模となり，OMR・IFOAMジャパン（2010）はこれを日本の有機食品市場の規模と捉えている。農林水産省（2020）も同様の手法を用いて推計を行い，有機食品市場の規模を1,850億円と推計している。

　OMR・IFOAMジャパン（2010）では有機JAS格付実績を用いた市場推計も行われている。まず，消費者アンケートで「利用したことのある有機食品」の上位9項目を把握し，その格付数量に別途行われた価格調査で推定された小売価格を掛け合わせ，9品目の市場規模が約778億円と推定された。2002年に行われたIFOAMジャパンの調査の結果より，これらの商品（豆乳を除く）が市場全体の54％を占めていると仮定して全体推計を行うと1,354億円と推計される。これらの結果より，OMR・IFOAMジャパン（2010）では2009年の有機食品の市場規模を1,300億円から1,400億円程度と結論づけている。

　なお，OVJ（2018）も2017年の有機食品市場について消費者アンケートを用いた推計を行っているが，上記の推計とは若干異なる推計を行っている。「週1回以上有機食品を購入している人」を「ユーザー」とし，ユーザーが全回答者に占める比率と全国の世帯数（5,340万世帯）を掛け合わせて算出したユーザー世帯数に，ユーザーが回答した月平均購入金額を掛け合わせたものを12倍して年額を推計したものである。ゆえに，OMR・IFOAMジャパン（2010）や農林水産省（2020）で見られるパレート分布への当てはめは行われていない。また，質問票は添付されていないが，集計結果を示した表には「あなたはオーガニック食品（無農薬・無化学肥料・化学合成物質無添加）を毎月どれくらい購入していますか」という質問文が記載されており，ここからOVJ（2018）による推計では有機JAS認証を受けた有機食品以外のものも多く含まれることが推察される。また，OMR・

IFOAMジャパン（2010），農林水産省（2020）と同様，外食で支出した金額も含まれている。推計の結果は最も高額の4,117億円となっている。

（2）消費者パネルを対象とするアンケート調査

　上で述べた先行研究で実施された手順とは異なるが，本研究の中で実施した消費者アンケート調査の結果を用いて，ごく簡単な推計を行った結果についても述べておく。本研究で実施した消費者アンケート調査は株式会社マクロミルの購買履歴データのモニター（消費者パネル）として2018年〜2019年にかけて通期で在籍している消費者を対象に実施した。購買履歴データと同様，回答者は15歳〜69歳までの全国の男女（沖縄県を除く）で，年齢・性別構成を人口構成比に合わせて回収した。アンケートの回収期間は2020年12月11日〜12月18日で，計2,054件のデータを回収した。

　アンケート調査ではOMR・IFOAMジャパン（2010）および農林水産省（2020）で用いられた質問と同様，1ヵ月当たりの有機食品の購入金額を選択肢型の質問で尋ねた。階級値を各階級の度数と掛け合わせた上で，その総計を求めたところ，約396万円となった。次に，回答者がすべて単独の世帯を構成していると仮定し，世帯当たりの平均購入金額を求めたところ，1,925円となった。これを2015年の国勢調査で集計された全国の世帯数（5,340万世帯）を乗じ，年額を求めたところ，約1,028億円という推計結果が得られた。3つの先行研究と比較してかなり控えめな金額となったが，第4節で述べた購買履歴データと生産者アンケートの結果を用いて行った推計（約1,089億円）とは非常に近い値となった。

9. OrMaCode実践規約に基づく方法論の評価

（1）推計結果の多様性

　以上見てきたように，有機食品の市場推計は用いられた方法論によって多様な結果を示しており，本研究の中で実施した推計の結果だけでも1,028億円〜2,850億円と大きな開きがある（表5-6）。各方法論にはそれぞれに利点・欠点が存在するが，今後，継続的に有機食品の市場推計を行っていくためにはどのような方法論を用いるべきか結論を出す必要がある。第3章で詳しく述べたように，OrMaCode実践規約は15の原則で構成されており，高いデータ品質を確保するにはこれらの原則を満たしたデータ収集システムの構築が望ましいと考えられている。そこで，ここではOrMaCode実践規約（表3-1参照）に照らし合わせて各手法について評価してみたい。

表 5-6　有機食品の市場規模の推計例

方法論	実施者	調査対象年	推計結果	備　考
購買履歴データ＋ 生産者アンケート	本研究	2018	1,089 億円	有機認証品に限る。外食は含まない
事業者売上データ	本研究	2018	1,744 億円	一部に非認証品を含む
	矢野経済研究所	2017	1,785 億円 [a]	「有機食品」について厳密な定義の記載なし
POS データ	本研究	2018	685 億円	生鮮農産物を除く
JAS 格付実績	本研究	2018	2,725 億円 〜 2,850 億円	
消費者アンケート	本研究	2019	1,028 億円	
	農林水産省	2017	1,850 億円 [b]	外食を含む
	OVJ	2017	4,117 億円 [c]	非認証品，外食を含む

資料：

a) 矢野経済研究所（2018）

b) 農林水産省生産局農業環境対策課（2020）

c) 一般社団法人オーガニックヴィレッジジャパン（2018）

　　OrMaCode実践規約では，まず「原則1 専門的独立性」としてデータ収集機関の専門的独立性を謳っているが，これについてはデータ収集・推計の方法論とは直接関係がなく，データ収集システムの構築上，留意すべき点といえる。効率性の高い情報システムの構築や人材教育，十分な予算の確保を謳う「原則3 資源の十分性」，適切な方法論の採用と方法論の公開を謳う「原則8 適切な統計手続き」，利用者ニーズへの対応や意見交換の機会，利用状況のモニタリングを謳う「原則11 適合性」，複数の情報源を入手してクロスチェックを実施し，データの一貫性を確認することを謳う「原則12 正確性と信頼性」，データやメタデータへのアクセス可能性，ICT技術の活用とオンライン公開を謳う「原則15 アクセス可能性と明瞭性」も同様である。そのため本節ではこれらを除く原則と照らし合わせて各方法論の評価を進めることとした。

　　まず，「原則2 データ収集の義務」では，データ収集に対する法的な強制力や実施の権限が謳われており，そのような権限がある方が高い評価となる。「原則4 品質約束」ではデータ品質へのコミットメントや第三者による定期的なレビューが謳われており，第三者による検証可能性がある方が高い評価となる。「原則5 統計的秘匿性」では情報提供者の匿名性や秘匿性の確保が謳われており，データの匿名性や情報管理のしやすい方が高い評価となる。「原則6 公平性と客観性」ではデータの科学的独立性，客観性，専門性および透明性の確保が謳われており，

データにそのような性質が備わっているほど高い評価となる。「原則7 堅実な方法論」では，手続き・分類方法・定義の統一等が謳われているが，採用された品目分類の汎用性が高いほど高い評価とした。「原則9 過重でない回答者負担」では，過度な回答者負担の禁止，効率的な回答方法，異目的の調査の統合が謳われており，回答者負担が軽いと思われるほど高い評価とした。「原則10 費用効率性」では資源の有効活用や情報システムの活用が謳われており，データ収集の実施にかかる費用だけでなく，その入力，集計，公開のプロセスを通して費用が低いほど高い評価とした。「原則13 適時性と時間厳守性」では，データの収集から公開までタイムラグの縮小や時系列データの収集が謳われており，タイムラグが短く時系列データを収集しやすいものほど高い評価とした。「原則14 整合性と比較可能性」では，異時点で収集されたデータ間，および異なる国や地域で収集されたデータ間での比較可能性の確保が謳われており，経時的なデータ収集がしやすく諸外国で多く採用されている方法論であるほど高い評価とした。

(2) 購買履歴データ（QPR）

　購買履歴データは，やや高額であるものの，データの客観性が高く，第三者による検証が可能であり，適時性に優れており，回答者負担が低い手法であることから，OrMaCode実践規約に示された原則を最も多く満たしている手法と考えることができる。有機食品リストを毎年更新するという手間はかかるものの，リストさえ整えばあとは電子データとして蓄積される購買履歴データの集計を調査会社へ委託して行うだけであり，短期間で効率的に推計を行うことができる。もう1つの利点は情報量の豊富さである。株式会社マクロミルが提供しているQPRにはJANコードに付随する商品名やメーカー名のほか，いつ，どの地域のどの小売店で，いくらで，どのぐらいの数量が購入されたのかといった詳細なデータが記録されている。また，商品はJICFSの商品分類に従って細分類まで分類が可能であり，ニーズに合わせた集計が可能となっている。また，購買者の属性情報も紐づけされており，購買層のデモグラフィック特性や購買行動上の特性を把握できるほか，同じモニターにアンケート調査を実施してより詳細な心理的特性等を把握することも可能である。そのため，単に市場規模を把握するだけでなく，データ分析を通してさまざまな実態を明らかにすることができる点が大きな魅力となっている。欠点はモニターの年齢層等が限られる点や，モニターの選定によってバイアスが生じる点である。また，JANコードが付けられていない商品の販売額については把握できない点も大きな欠点である。ただし，これらの欠点はモニターの選定の仕方によって改善を図ることができるほか，ドイツで行われて

いるようにバーコードの付されていない商品については手入力によりデータ登録できるようにすれば改善できる可能性がある。

(3) 生産者アンケート

　生産者アンケートは事業者を対象にするため，消費者アンケートに見られる記憶の曖昧さや，いわゆる「社会的望ましさのバイアス」から客観性が損なわれるリスクが比較的低いと考えられる。また，完全ではないが比較的全数調査もしくは無作為抽出によるサンプリング調査が可能な手法であり，信頼性の高い推計を実施することのできる手法であると考えられる。品目別，販路別に売上額を質問することも可能であり，より精度の高い推計を導くこともできる。しかしながら，生産者の回答者負担が大きく，質問紙法による実施が現実的であることから，郵送やデータ入力・集計に時間と費用を要する。回答謝礼を伴う場合はデータの匿名性が薄れ，伴わない場合は回答のモチベーションが低下し，十分な数の回収が得られないリスクがある。また，現在のところ，有機農家の名簿としては農林水産省のホームページに掲載されている有機JAS認証事業者の一覧しかないが，この一覧は掲載に同意した事業者のみが掲載されるため，すべての事業者を網羅したものではない。また，グループで認証を取得している認証事業者も少なくないが，個別の農家の情報を含む一覧とはなっていない。即ち，国内の有機JAS認証農家をすべて網羅した名簿ではなく，母集団代表性は担保されていない。しかしながら，生産者アンケートは手順がシンプルで検証可能であり，バーコードが付されない場合が多い生鮮有機農産物の市場規模の把握に適した方法だと考えられる。また，生産者を対象にアンケート調査をすることで，販路別の売上額の構成比を含めて他の手法による推計時に必要な基礎的な情報を収集することができる。回答者負担の大きさから毎年の実施は難しいとしても，数年ごとに実施しておくことの利点は大きい。

(4) 事業者売上額データ

　事業者ごとの売上額データに基づく推計はアンケート調査に比べて客観性が高く，積み上げ方式ではコストをかけずに効率よくデータを集められる可能性がある。しかし，積み上げ方式では母集団の情報がなければ全体推計を行うことが難しい。また，母集団代表性を担保した形によるアンケート調査等に基づく推計ではコスト面での優位性が失われるほか，一般に回収率が低く，外れ値の影響を受けやすくなってしまう。また，通常，企業名を開示した形でのデータ収集となるため，統計的秘匿性は低く，第三者による検証もハードルが高い。生産者アンケートと同様，

事業者を対象とするアンケート調査では回答者負担の大きさも課題である。

(5) POSデータ

　POSデータは購買履歴データと同じスキャナーデータであり，回答者負担が軽く，客観性が高く集計の効率性が高い点がメリットである。また，購買履歴データと異なり，購買データをスキャンする際にモニターの意図が影響しないため，モニターが購入を開示したがらない酒類や菓子類等のカテゴリの購買データも収集されるといったメリットもある。購買履歴データが約3万人の購買データしか収集しないのに対して，POSデータはより多くの消費者の行動が反映されており，客観性においては購買履歴データよりも優れていると考えることができる。

　しかし，購買履歴データと同様，データの入手に比較的高額の費用が必要になるほか，POSレジでは購買者が一般家庭の消費者か飲食店等の事業者かの識別が困難である。また，データが収集される店舗はPOSレジを設置した店舗に限られ，データが比較的大規模店に偏る傾向がある。また，国内の有機食品の小売市場では自然食品店や宅配等，POSデータが収集されないチャネルの占有率が高いため，それらの売上データを含まない点もデメリットといえる。さらに，購買履歴データと同様に生鮮農産物のデータの入手が困難であるほか，本研究ではデータ収集店の選定基準にアクセスできず，市場推計を目的とする場合の母集団代表性を確認することができなかった。諸外国ではPOSデータを用いて市場推計が行われているケースも多いが，現時点においては購買履歴データを用いた推計に優位性があると考えられる。

(6) JAS格付実績

　JAS格付実績は法的に収集と提出が義務付けられているものであり，認証制度の中で管理された数字であるため，データの客観性が高く，信頼性の高いデータである。また，認証制度の一環としてデータ収集が行われるため，認証事業者に追加の負担を強いるものではなく，回答者負担が低いというメリットもある。データは農林水産省のホームページ上に無償で公開されており，費用効率性も高い。格付実績を用いた推計の最大の問題点は，格付数量＝国内の小売販売数量ではない点であり，現在のところ，ある年における小売販売数量について正確に知ることができない点である。ある年に格付された有機農産物・加工食品は，その年のうちに小売販売されているとは限らず，年をまたいで販売される可能性がある。また，格付数量のうち，どの程度が小売販売され，どの程度が加工食品の中間需要や外食向けに販売されたのかがわからない。また，輸出量も全体が把握さ

れているものではない。これらについては生産者アンケートを適切に実施することである程度把握することが可能であるが，それにより回答者負担の増大を招いてしまう。もう1つの課題は格付数量に掛け合わせる価格の水準である。価格はPOSデータや購買履歴データ，あるいは生産者アンケートや小売事業者への聞き取り等で把握することが可能であるが，そのような追加調査が必要になることを示している。そのため，格付数量を用いた市場推計は，他の方法論との組み合わせでクロスチェックを行う目的で実施するというのが現実的である。どのような価格を掛け合わせるかで推計結果は大きく異なるため，品目ごとの単価の算出方法にも十分な検討が必要である。たとえば，OMR・IFOAMジャパン（2010）による推計では427円/kg（＝0.427円/g）という値が使われていたが，本研究では野菜価格は0.684円/gおよび0.994円/gとしていた。これにより推計結果も大きく異なる値となっている。

(7) 消費者アンケート

　消費者アンケートは比較的容易に，安価に実施することができ，消費者1人当たりの購入金額を消費者自身による申告に委ねるため，すべての媒体における購買が含まれており，かつ生鮮の有機農産物を含めてすべての有機食品を含めた形で金額を把握することが可能である。データの匿名性も高く，検証可能性も比較的高い。欠点は消費者アンケートに伴うバイアスの存在である。有機食品のような，社会的に消費することが望ましいとされている食品の購買については，消費者が実際よりも多く購入しているように回答するというバイアスが働きやすい（Hermmerling et al. 2015）。また，回答は消費者の主観に頼るため，有機食品の定義を正しく理解していない可能性や，自身の購入金額を正しく記憶していない可能性もある。つまり，消費者アンケート調査は他の手法に比べて客観性に劣る手法であり，市場推計に用いる場合には十分な注意が必要となる。さらに，購買履歴データと同様，モニターの母集団代表性の確保も課題である。アンケートを実施する際には，年齢・性別・居住地域等を母集団の構成比と同じにすることで可能な限り母集団と同様の特性を持たせることが肝要である。

10. 国内の有機市場データ収集システムの構築に向けて

　前節で述べた通り，今後日本の有機食品市場の推計を行っていくには，購買履歴データと生産者アンケートの組み合わせが最もよい方法であると考える。ただし，売上データによる推計や格付実績による推計，POSデータによる推計を併せ

て実施し，クロスチェックを行うことが望ましい。また，生産者アンケートは回答者負担が大きいため，実施は数年に1度とし，実施しない年については格付実績や消費者アンケートに見られる成長率を参考にしたり，傾向値をとるなどして推計を行うといった工夫が必要になると思われる。

また，「専門的独立性」の観点より，データ収集を実施する主体は特定の民間事業者や調査会社，政府機関ではなく，そうしたステークホルダーとの連携の下，学術機関や市場推計を専門的に実施する非営利組織とすることが望ましい。また，財源も特定のステークホルダーに偏らず，不特定多数の人々から幅広く集める方式をとることでより独立性を担保できる。たとえば，先行する多くの推計例や海外の推計で行われているように，推計結果を報告書として取りまとめて販売し，その売上でデータ収集事業を賄えるような形をつくることが理想的である。あるいは，クラウドファンディング等の新たな資金徴収メカニズムを用いる方法もある。独立性の確保のためにはデータ収集に必要な予算を獲得するための事業性の検討が非常に重要性を持っている。購買履歴データは特定品目の購買について深く掘り下げて分析を実施することが可能であり，情報の有償化が比較的容易であると考えられることから，この点においても優れた潜在力を有しているといえる。

データの信頼性確保の観点では推計結果の検証可能性を担保し，専門家によるレビューとフィードバックの機会を有しておくことが重要である。また，第三者によるチェックが受けられるよう，また，推計結果が誤って解釈されないよう，方法論の詳細やメタデータを積極的に開示することも必要である。また，十分な資金を確保し，複数の種類のクロスチェックを行うことも，信頼性を担保する上で必要である。さらに，データの収集や推計の手法，関連技術に関する知識を継続的にアップデートできるよう，統計学や情報システムの専門家によるレクチャーの機会を設けることが望ましい。

推計結果や各種データの開示方法も重要なポイントである。データ利用者が時系列データに容易にアクセスし，学術研究を含む多様な用途に活用できるよう，情報システムを活用し，データはオンラインでダウンロード可能な形で開示することが望ましい。そのためにはデータの検索やダウンロードが容易にできるインターフェースを備えたデータベースやWebサイトの構築が必須となる。情報システムの活用はデータ利用者にとっての利便性だけでなく，データ収集事業の効率性を高め，技術革新によって大幅に費用を抑制する効果もある。また，幅広い層のユーザーによるアクセスを可能にし，より大きな社会的インパクトを導くと思われる。有機食品市場の健全な発展のために，産・官・学の力を結集して日本の有機市場データ収集システムを構築することの重要性を強く訴えたい。

Hemmering, S., U. Hamm and A. Spiller (2015) Consumption behavior regarding organic food from a marketing perspective – a literature review, Organic Agriculture, 5 (4) 277-313.

IFOAM ジャパン・OMR プロジェクト (2010)『オーガニック・マーケット調査 (OMR) 報告書』.

MOA 自然農法文化事業団 (2011)『有機農業基礎データ作成事業報告書』.

農林水産省生産局農業環境対策課 (2020)『有機農業をめぐる事情』(令和2年9月).

オーガニックヴィレッジジャパン (2018)『オーガニック白書2017+2016近未来予測』.

スーパーマーケット統計調査事務局 (2021)「スーパーマーケット店舗数：統計・データでみるスーパーマーケッ」全国スーパーマーケット協会, URL：http://www.j-sosm.jp/dl/index.html (更新：2021年2月8日).

矢野経済研究所 (2018) プレスリリース「オーガニック食品市場に関する調査を実施 (2018年)：2017年の国内オーガニック食品市場は前年比102.3％の1,785億円，年率1～2％増の成長が続く」.

https://www.dreamnews.jp/press/0000183847/ (アクセス：2018年10月30日)

第6章

有機加工食品の市場および
サプライチェーンの構造と特徴

―有機食品専門問屋のケーススタディより―

第6章

有機加工食品の市場および サプライチェーンの構造と特徴
—有機食品専門問屋のケーススタディより—

李 哉法

1. 研究の課題と視点

(1) 目的と課題

　目下，有機農業推進法（2006年）の目標実現やSDGsアクションプラン（SDGs推進本部）の実行に際し，有機農業の拡大を意図した政策的な取り組みに拍車がかかっている。有機農業の拡大に資する研究が期待されている理由である。

　ところが，これまでの先行研究の大部分は，農法や生鮮農産物に関心を示しているために，有機加工食品の加工・販売の実態にアプローチした研究が疎かになっていたことは否めない[注1]。

　そこで本研究は，有機加工食品のサプライチェーンの川中を構成する主要なチェーンアクターとして，有機食品の加工・販売をビジネスモデルとする事業者に注目する。これらの事業者による製品ラインの拡張や販売量・販売額の拡大は，原料としての有機農産物の生産を刺激して，有機農業の拡大を促進することが想定できるからである（李ほか 2013）。

　こうしたことから，本研究は，①「主要な有機加工・販売事業者を特定する」と同時に，②これらの「事業者が用いる原料の仕入れおよび製品販売の仕組み」と，③「販売事業の成果と課題」の3つの課題にアプローチし，有機加工食品の事業者が展開する市場およびサプライチェーンの構造を明らかにする。さらに今後の有機農業拡大への取り組みに資する情報を整理する。

(2) 有機食品の加工・販売事業者の特定

　主要な有機加工・販売事業者を見つけてケーススタディを行うまでには，以下のようなプロセスが必要であった[注2]。

まず，有機加工・販売事業者の存在を広く捉えるべく，JANコード[注3]を有する食品の製品名に「有機」，「オーガニック」，「ビオ」の3つの語を含んでいるものをリストアップした上で，各製品の販売元を特定した[注4]。

　一方，「JANコード製品」リストの分析に際しては，有機食品市場における製品集中度を各々の販売元の有する製品数をベースに測ってみた。製品数が出荷額，販売額をある程度反映していると仮定すれば，産業組織論でいう市場構造（中嶋1994）を垣間見ることができると考えたからである。

（3）事例の位置付け

　本研究が事例として選んだのは，自然食品および有機食品の仕入れ・販売を専門に行う3つの企業「ムソー株式会社」（以下「ムソー」），「オーサワジャパン」（以下「オーサワ」），「創健社」である。これらの事例を選択した理由は，以下の3つである。

　第1に，これら3社は，後掲の表6-2に見るように，比較的多くの製品を販売しており，コーポレートサイトを検索した結果，自社を販売元とする製品以外にも，仕入製品からなる多様な製品カテゴリーをカバーしていることを確認したからである。

　第2に，これらの自然食品および有機食品を専門に取り扱う問屋（以下「自然・有機専門問屋」）は，先行研究により，有機食品を取り扱う主要企業としてサーベイされている（矢野経済研究所2019）ほか，国内の多くの有機加工事業者（以下「有機加工業者」）との間にサプライチェーンを構築していることを確認したからである（李・岩元2018）。

　第3に，いずれも卸・問屋というビジネスモデルを有することから，間接的ではあるにせよ，仕入先としての有機食品の加工事業者とともに販売先である小売サイドの情報が同時に得られるというメリットがあったからである。

　これらの事例分析には，「ムソー」（2019年2月），「オーサワ」および「創健社」（2019年8月）に行われた，販売担当者との対面インタビューの結果とともに，訪問時に提供を受けた商品カタログや内部資料，コーポレートサイトの掲載情報が活用されている。

2. 販売元から見た有機食品市場の構造

（1）製品カテゴリーおよび製品集中度

　表6-1には，JICFS分類コードが用いる食品の大分類別に，販売元の製品集中

度，製品数階層別の販売元数シェアのほか，製品数の多いトップ5の製品カテゴリー（中分類）を示した[注5]。以下に，表6-1から読み取れる特徴を3つに整理した。

第1は，JANコードを登録した食品の製品件数（167万1,376件）[注6]に占める有機食品の登録件数（9,180）は0.6％に過ぎないということである。

第2は，製品は調味料，水物，惣菜類，農産乾物，食用油などからなる加工食品と飲料・酒類に集中しており，菓子類，生鮮食品，その他食品のそれは相対的に少ないということである。とりわけ，主要な製品の製品数シェアをみると，日本茶，コーヒー，紅茶，ココアなどの嗜好飲料が16.3％，調味料が13.7％，豆腐，コ

表6-1　有機食品の製品集中度および主要な製品

区分		加工食品	飲料・酒類	菓子類	生鮮食品	その他食品	合計
製品数	製品数	4,410	2,828	955	528	459	9,180
	％	48.0	30.8	10.4	5.8	5.0	100.0
	海外製品	356	369	135	3	4	867
製品販売元数		702	450	187	102	145	1,299
CR（％）	CR5	16.4	11.4	19.1	43.4	34.6	10.8
	CR10	21.5	18.0	36.0	59.1	45.5	15.4
	CR15	27.1	23.3	42.3	67.8	51.9	19.8
製品数別販売元数シェア	100以上	0.4	0.0	0.0	0.0	0.0	0.4
	50～99	0.7	1.1	0.0	2.0	0.7	1.4
	30～49	2.0	1.8	1.6	2.0	0.7	1.7
	10～29	10.4	12.4	10.2	7.8	4.1	11.5
	5～9	14.0	14.0	13.9	11.8	7.6	14.7
	2～4	34.3	32.7	33.7	21.6	31.0	32.9
	1製品のみ	38.2	38.0	40.6	54.9	55.9	37.4
小分類TOP5製品	1位	調味料 28.5	嗜好飲料 52.9	珍味 69.1	農産 97	食品贈答品 73.9	嗜好飲料 16.3
	2位	水物 16.3	アルコール飲料 23.4	菓子 28.5	畜産 0.4	健康食品 16.3	調味料 13.7
	3位	惣菜類 10.6	清涼飲料 10.6	デザートヨーグルト 2.3	― ―	乳幼児食品 9.6	水物 7.8
	4位	農産乾物 6.0	果実飲料 9.8	アイスクリーム 0.1	― ―	不明 0.2	アルコール飲料 7.2
	5位	食用油 4.6	乳飲料 1.9	― ―	― ―	― ―	珍味 7.2

注：JANコードを付した食品のうち，有機食品と思われる製品および販売元リストをJICFSの食品分類に基づいて集計した

ンニャク，納豆など水物が7.8%，アルコール飲料が7.2%，珍味が7.2%のシェアを有しており，これら5つの製品群が有機加工食品の52.2%をカバーしている。

第3は，製品数から見た販売元の集中度は，製品数の多い上位5社（CR5）において10.8%，CR10が15.4%，CR15が19.8%と比較的低い中で，10製品未満を販売している販売元が85%を占めているということである。ただし，食品のカテゴリーを区分してみれば，菓子類はCR15が42.3%と50%に近づいていることから，少数の販売元への製品集中が進展していることが見てとれよう。なお，1製品のみを販売している事業者のシェアは37.4%である。

(2) 製品数の多い主要な販売元

表6-2には，製品数の多い上位15の販売元について企業名，主要な有機食品，設立年次，資本金，売上を示した。以下には表6-2から確認または推測できる4点の情報を取り上げる。

1点目は，有機食品の販売元には，製造・加工企業のほかに，流通機能のみをビジネスとする卸・問屋・商社[注7]とともに，店舗をベースに消費者に接する，生協を含む大手小売企業が含まれているということである。このことは，有機食品に関しても，食品製造業者が持つナショナルブランド（NB）と小売・流通業者のプライベートブランド（PB）が同時にマーケットに展開していることを意味する。

2点目は，有機食品加工業者は，香辛料，コーヒー，紅茶などを中心に多数の製品を販売している，上場株式会社などの比較的規模の大きい企業（No.1～3，No.8）[注8]と，緑茶，有機調味料，野菜・果実の加工品などに製品を特化している中小企業（No.4～7）に大別できる中で，前者は輸入に大きく依存した製品ラインを，後者は国内で生産した原料を使用した製品ラインを各々有しているということである。

3点目は，流通機能のみを有する卸・問屋・商社に属すNo.8～13のうち，輸入製品のみに製品をほぼ限定しているNo.8～9を除けば，いずれも国内で製造・加工した有機食品と輸入製品を合わせた製品ラインが製品カテゴリーを広くカバーしているということである。ちなみ，No.11～13は，本研究が取り上げる3つの事例である。

4点目は，各々事業者の設立年次は，大部分が1990年以前となっていることから，有機食品の加工・販売に新たなビジネスチャンスを求めて有機食品マーケットに参入した新設企業の存在は乏しく，むしろ既存の製品ラインやビジネスモデルに有機食品関連の製品や事業を新たに加えているということである。

5点目は，有機食品の輸入・販売をめぐっては，大手商社や系列会社を含む大

表6-2　製品数の多い上位15社の概要

No.	順位[1]	販売元名	事業内容	製品属性[2]	有機食品の製品ライン	設立年次	資本金（万円）	売上（億円）	製品数合計	備考
1	3	エスビー食品株式会社	製造・加工事業体	輸入原料依存	香辛料（辛子・わさび以外），その他調味料	1940	174,000	1,254	207	上場株式会社
2	6	小川珈琲			リュギュラコーヒー，コーヒードリンク，紅茶ドリンク，贈答用コーヒーセット	1957	2,500	—	98	—
4	10	ユーシーシー上島珈琲			有機コーヒー，有機紅茶，ギフトセット	1951	100,000	1,140	75	上場株式会社
3	8	寺岡有機醸造		国内産原料優先	有機醤油，有機ポン酢，有機調味料セット	1950	2,000		80	自社農園あり
5	10	株式会社菱和園			有機日本茶（煎茶，番茶，抹茶など），有機紅茶，有機玄米茶など	1983	1,200		75	—
6	14	味千汐路			有機だし醤油，有機ドレッシング，ベビーフード	1985	3000		55	—
7	15	光食品			ケチャップ，ドレッシング，果実・野菜ジュース，つゆ，ジャムなど	1951	—	16	52	自社農園あり
8	1	ヴォークス・トレーディング	卸・問屋・商社	輸入原料依存	香辛料（辛子・わさび以外），お菓子，紅茶，その他茶	2002	50,000	—	287	上場株式会社（ハウス食品）
9	7	ビオカ			有機砂糖，食酢，オリーブオイル，ドレッシング，スパゲッティ，マカロニ，ピザ，シリアル，野菜ジュースなど	1996	7,582	—	93	輸入販売に特化
10	5	ビオ・マーケット		国内産原料優先	各種調味料，食用油，米飯加工品，ジャム，冷凍野菜，穀粉，漬物，豆類，日本茶，コーヒー，野菜ジュースなど	1983	100	30	143	上場株式会社（京阪ホールディングス）生鮮食品の卸・宅配
11	13	ムソー			味噌，食酢，穀粉，餅，漬物，こんにゃく，納豆，ごま，日本茶，ココア，紅茶，麦茶など	1969	7,700	70	70	マイクロビオティック自然食品の専門問屋
12	9	オーサワジャパン			各種調味料，穀粉，豆類，和惣菜，日本茶，スパゲッティ，オリーブオイル，野菜ジュース，健康飲料，米菓など	1969	5,400	37	76	マイクロビオティック自然食品の専門問屋
13	12	創健社			醤油，つゆ，食油，味噌，穀粉，漬物，こんにゃく，豆類，菓子類，ココア，日本茶，健康食品など	1968	92,000	45	73	自然食品の専門問屋
14	2	イオントップバリュ	小売店舗	輸入原料依存	冷凍農産惣菜，調味料，豆腐，和惣菜，珍味，生鮮農産物，各種飲料ほか多数	1970	2,200	63,000	215	イオン株式会社
15	4	日本生活協同組合連合会			生鮮農産物（バナナ・キウイフルーツなど），水煮，珍味，冷凍野菜，豆腐，ごま，味噌，ジャム，日本茶など	1951	907,000	3,820	144	協同組合連合会

資料：表6-1の製品リストおよび各々の企業のコーポレートサイト（「会社概要」）の掲載情報より作成

注：1) JANコード製品の多い順番を示している

2) 「国内産原料優先」に区分した販売元も輸入製品を取り扱っている。すなわち，「国内産原料優先」は「輸入原料依存」に比べて相対的に国産製品が多いことを意味する

手メーカーによる製品集中とともに，サプライチェーンの垂直的統合が進展している様子が伺えるということである。

　前掲の表6-1によれば，10以上の有機製品数を有する販売元は13.4%であるが，表6-3のNo.5～6，No.8を除けば，いずれも10以上の製品を登録している。No.1～2およびNo.4～6，No.9～12からは，持ち株会社の傘下にあるグループ企業同士が有機食品のサプライチェーンの統合を図っていることが推測できよう。また，表6-2と表6-3を合わせ見れば，大手小売事業者（表6-2のNo.14，15および表6-3のNo.11）の冷凍野菜のPB製品の素材輸入において，表6-3のNo.3およびNo.12の大手食品専門商社が関与している。さらに，表6-2のNo.10は，2018年に「京阪ホールディングス」に買収合併された企業である。

表6-3　販売元における大手上場企業および商社

No.	販売元	持ち株会社	製品数	主要な製品
1	日本デルモンテ	キッコーマン株式会社	35	ケチャップ，野菜缶詰，トマトジュース，野菜ジュース
2	キッコーマン食品		26	醤油，果実酒
3	株式会社シジシー（CGC）ジャパン	―	47	冷凍野菜素材，乾麺，こんにゃく，バナナ，ナッツ類
4	アサヒビール	アサヒグループホールディングス	37	（無添加）有機ワイン
5	アサヒ飲料		3	日本茶・麦茶ドリンク，乳酸飲料
6	アサヒグループ食品（和光堂）		2	有機ベビーフード
7	三井農林	三井物産株式会社	28	紅茶，日本茶
8	三井食品		9	野菜缶詰，ホームクッキング材料，スパイス・パウダー
9	サッポロビール	サッポロホールディングス	34	ビール，果実酒
10	サントリー食品インターナショナル株式会社		33	果実酒（ワイン），スピリッツ
11	八社会 [1]	―	23	冷凍野菜，日本茶，こんにゃく，珍味，和惣菜
12	ニチレイフーズ	株式会社ニチレイ	22	冷凍野菜素材
13	メルシャン	キリンホールディングス株式会社	19	果実酒（ワイン），スピリッツ

資料：表3-1に同じ
注：1）小田急・京王ストア・京成ストア・京急ストア・相鉄ローゼン・東急ストア・東武ストア・松電商事の8社が共同仕入のために設立した会社である

3. 有機食品専門問屋の仕入れ・販売の実態

(1) 事例の概要

　表6-4によれば，事例はいずれも有機農産物，無添加食品，非遺伝子組換え食品などの取り扱いを優先し，消費者の健康や自然環境に配慮した商品を専門的に取り扱っている「専門問屋」と位置付けられる。それゆえに，3社とも全国をカバーする営業および物流の拠点を設けている。

　「ムソー」と「オーサワジャパン」は，①設立年次，②「マクロビオティック食品」[注9]の取り扱い，③アンテナショップ機能や自社ブランドのPR機能を兼ねた直営店舗の運営，といった共通点を有している。創健社の場合も，マクロビオティック食品との関係は薄いものの，基本的にムソーやオーサワと酷似したビジネスモデルを有している。

　一方，「創健社」は，加工ラインを有する子会社（高橋製麺）を，ムソーは食品加工機能を有する「ムソー食品工業株式会社」や自然食品および有機食品の輸出・輸入を事業とする「株式会社むそう商事」というグループ企業を原料および製品の仕入れに活用している。

表6-4　事例企業の概要

区分	ムソー株式会社	オーサワジャパン株式会社	株式会社　創健社
設立年次	1969	1969	1968
本社	大阪市	東京都	横浜市
事業内容	自然食品，有機食品，無添加食品の研究開発および販売	マクロビオティック食品，自然食品の販売	自然食品・健康食品の企画開発および販売
製品属性	「ムソーの7つの約束」 ①有機農産物優先 ②国内農産物優先 ③食品添加物は，容認添加物以外使用禁止 ④化学調味料（旨味調味料）の使用禁止 ⑤遺伝子組換え原料使用禁止 ⑥放射性物資を確認 ⑦環境負荷の少ない容器包材の使用	「自然食品の品質基準」 ①遺伝子組換え食品不使用 ②有機栽培（オーガニック）優先 ③食品添加物不使用 「マクロビオティックの品質基準」 ①国内産優先 ②伝統製法優先 ③精製糖不使用 ④動物性原料不使用	「商品の基本コンセプト」 ①自然・健康（自然な素材，自然なつくり方，伝統的日本食を重視） ②安全・安心（無添加，有機農産物，非遺伝子組換え食品） ③栄養（健康の保持，増進，疾病の予防） ④環境保全（自然環境に配慮した容器，包装，製造方法） ⑤経済性（健康的生活による医療費の低減）
資本金（万円）	7,700	5,400	92,046.5
従業員（人）	130	55	43

資料：各企業のコーポレートサイト（会社概要）の掲載情報より作成

（2）製品ラインに見る有機食品

　表6-5には，3社の製品ラインとともに，有機JASマークを付している製品数[注10]を示した。

表6-5　製品ラインにおける主要な有機製品

	製品カテゴリー	製品数 A	有機製品数 B	B/A（%）	有機 PB 数 C	C/B
ムソー	加工食品	352	74	21.0	19	25.7
	嗜好品	59	29	49.2	6	20.7
	飲料	60	26	43.3	9	34.6
	調味料	241	55	22.8	4	7.3
	菓子	281	39	13.9	0	0.0
	冷凍品	52	15	28.8	0	0.0
	健康食品	50	14	28.0	0	0.0
	和日配品	103	10	9.7	4	40.0
	合計[1)]	1,323	262	19.8	44（55）	16.8（37.8）
オーサワ	玄米・穀類	68	40	58.8	35	87.5
	飲料（野菜・果実類）	62	40	64.5	2	5.0
	菓子	122	33	27.0	2	6.1
	穀類加工品	54	32	59.3	24	75.0
	チョコレート	28	28	100.0	0	0.0
	その他加工品	61	24	39.3	7	29.2
	その他調味料	55	24	43.6	2	8.3
	コーヒー・紅茶・ココア類	33	22	66.7	3	13.6
	茶類	36	20	55.6	6	30.0
	味噌	30	19	63.3	12	63.2
	合計	1,397	503	36.0	168	33.4
創健社	茶類	52	50	96.2	1	2.0
	菓子類	183	21	11.5	3	14.3
	調味料	182	23	12.6	11	47.8
	加工食品	172	20	11.6	10	50.0
	麺類	54	15	27.8	15	100.0
	飲料	41	8	19.5	1	12.5
	健康補助食品	47	12	25.5	6	50.0
	粉類・豆類	56	7	12.5	5	71.4
	合計	865	156	18.0	52	33.3

資料：ムソーは，コーポレートサイト（2020年1月16日）の「取扱商品」，オーサワおよび創健社は2019年版の商品カタロ
　　グ（冊子）より集計
注：1）食品系の製品のみをカウントしたものである
　　2）有機製品の多い主要な製品カテゴリーを示しているため合計と一致していない

①ムソー

　ムソーは1,323製品をラインナップしている中で，有機JASマークを付しているものは262製品（19.8%）であった。

　有機食品の製品数シェアは，水物など日持ちしない製品群からなる和日配品を除けば，菓子類が13.9%とやや低いものの，軒並み20%を上回っている。とりわけ冷凍品（28.8%），健康食品（28.0%）については30%，嗜好品（49.2%）に関しては50%近いシェアである。なお，有機食品が多い製品には，味噌・醤油，穀物および穀粉，緑茶製品，野菜・果実ジュース，水物の納豆・豆腐など国産原料を用いた製品と，コーヒー，パスタ，ソース，乳製品，チョコレート，スナック菓子など輸入製品または輸入原料使用割合の高い製品とに分かれている。

②オーサワ

　オーサワは1,397の製品のうち，503製品が有機製品であり，その製品数シェアは36.0%である。とりわけ有機製品率は，チョコレートが100%ときわめて高く，コーヒー・紅茶・ココア類，野菜・果実類の飲料，味噌，穀類加工品，玄米・穀類，茶類では，いずれも50%を上回っているが，他2社と比べて相対的に高い割合である。こうした中，ムソーと同様に，製品には国産原料を使用した製品（緑茶製品，野菜・果実飲料，穀物類，味噌・醤油など）と輸入製品（チョコレート，コーヒー，紅茶，食用油など）とに分かれている。

③創健社

　創健社は，865製品のうち156製品が有機JASマークを付しており，その製品数シェアは18.0%である。一方，他の2社と違って，有機JASマークを付さない「有機原料使用」[注11]という52の製品があった。

　さらに創健社では，使用原料が国産である場合のみ，有機JASマークに「国産原料使用」というマークを表示している。この「国産原料使用」製品には31製品があり，有機製品数に占める割合は19.9%である。国産有機原料を使用した有機製品の大部分は，緑茶製品や醤油・味噌・食酢などの調味料類に集中しており，他の製品は輸入製品が占めている。

(3) 有機食品の主要な仕入先

　有機製品の仕入先を，①国内の有機加工業者，②その他の仕入先に区別してみた。なお，販売元に自社名が記されている場合は，当該製品をPBとみなしている。

国内の有機加工業者

　表6-6によれば，3社が取引している仕入先は，創業年度が比較的早く，所在地

や資本金および従業員数の規模から見て地方に散在する中小企業が多く，その数が少数に限られている。また，醤油・味噌，食酢，煎餅等の和食ベースの食品加工事業者（No.6，No.8〜12，No.14〜16）が多くを占めている。これら企業のコーポレートサイトの商品情報には，自社に固有の伝統的な製法をアピールしている共通点が見られた。その背後には，マクロビオティックが追求する伝統的な製

表6-6　事例の仕入先に見る主要な国内有機加工事業者の概要

| No. | 社名 | 創業設立年次 | 所在地 | 事業内容 | 資本金（万円） | 従業員数 | JANコード有機製品数 | | | | 主要製品 |
							加工食品	飲料	菓子類	その他	
1	光食品株式会社	1946	徳島県上板町	多様な有機食品の加工事業に特化	-	-	34	18			ケチャップ，ドレッシング，果実・野菜飲料，ジャムなど
2	株式会社遠藤製餡	1950	東京都豊島区	製餡・練餡の製造販売	1,000		12	4	16	1	小豆餡，赤飯，ようかんなど
3	株式会社山清	1938	香川県綾川町	スパイス，あん，穀粉の製造販売	5,000	36	31	2			大豆・小豆加工品（餡，粉類）
4	コジマフーズ株式会社	1948	名古屋市	米，雑穀および麦の加工食品	1,600	28					米飯加工品，包装餅，和惣菜
5	株式会社クローバー食品	1974	大分県豊後高田市	各種野菜加工品の製造販売	10,000	26					和惣菜（竹の子，トマト，人参など）
6	株式会社純正食品マルシマ	1956	広島県尾道市	食品製造・卸し・小売業	1,000		15	5			味噌，食酢，こんにゃく，きな粉，日本茶
7	桜井食品株式会社	1910	岐阜県美濃加茂市	乾麺，即席麺の製造・販売輸入オーガニック食品の販売	6,700	35	19				乾麺，即席麺
8	内堀醸造株式会社	1876	岐阜県八百津町	食酢および食酢関連商品	4,978		10	2		3	食酢，ビネガードリンク
9	チョーコー醤油株式会社	1941	長崎市西坂町	醤油・味噌・ソース・食酢等の販売	5,000	94	14				醤油，味噌
10	海の精株式会社	1972	東京都大島町	伝統海塩，伝統苦汁および醤油・味噌，梅干し，漬物	10,000	50	13				醤油，味噌，梅干し
11	マルサンアイ株式会社	1952	愛知県岡崎市	食料品の製造販売／各種味噌，豆乳，飲料水，健康食品他	86,544	408	5	7			米飯加工品，豆乳
12	合名会社アリモト	1952	兵庫県加西市	米菓（煎餅）の製造・販売	1,000	50	8				米菓
13	株式会社椿き家	1986	広島県三原市	豆腐，おから，豆乳の製造販売	15,000	65	5	1			豆腐，豆乳
14	株式会社まるや八丁味噌	1337	愛知県岡崎市	八丁味噌・調合味噌の製造販売	1,650	48	2				味噌
15	金光味噌株式会社	1872	広島県府中市	味噌，および加工食品の製造販売	1,000		2				味噌
16	マルマタしょう油合資会社	1859	大分県日田市	醤油醸造	-		1				醤油

注：3社の商品カタログより有機食品の国内製造元（仕入先）をリストアップした後に，これらの製造元が販売している有機製品および製品数をJANコード製品リストより抽出した。その他の情報については各仕入先のコーポレートサイト（会社概要）の掲載情報より確認している

法 (久司 2009: 44-45)^{注12)}に合致する企業が選ばれていることに加え，大量生産には向かない小ロットの仕入れが大手企業の参入を妨げていることが否めない。

このように，仕入先が少数に限定されているために，3社がともに仕入先を共有しているケースが少なくない。また，仕入先との取引は，もともと伝統的製法や自然食品のカテゴリーからスタートし，1990年代以降の有機食品の需要の高まりや有機認証制度の整備に伴い，次第に有機製品づくりの取り組みへと進展した。

一方，商品カタログに記されている製品原料の原産地を確認すると，味噌，醤油，食酢など加工プロセスが国内で完結している製品とはいえ，主要原料を輸入に依存している実態がわかる。たとえば，小麦，大豆，米などはアメリカ，カナダ，中国，トルコ，食塩はメキシコ，オーストラリア，イタリア，タイ，砂糖はブラジル，アルゼンチンなどから輸入していることが記されている。

とりわけ，味噌・醤油の製造に欠かせない小麦や大豆は，国内の生産基盤が脆弱であるために^{注13)}，「むそう商事」は北米（アメリカ，カナダ）や中国に契約農場を設け，有機JAS認証を取得させた上で，自ら輸入した有機大豆と有機小麦を仕入先（加工業者）に供給している。むそう商事によれば，有機食品づくりを進めるにあたって，海外の生産者情報へのアクセスや原料の品質管理が困難な仕入先への支援活動としてスタートしたという。

その他の仕入先

カタログには，「東京セントラルトレーディング」，「バイオフーズジャパン」，「ナイキフーズ」，「アスプルンド」，「ボーアンドボン」，「ノヴァ」，「P.Tハーブズ」，「リブインコンフォート」，「ichoc」，「bjornsted」等々を販売元とする製品が多い。これらの企業は，コーヒー，ココア，紅茶，チョコレート，オリーブオイル，スナック菓子類などを取り扱っていることから，有機食品の原料もしくは製品そのものの輸入販売を事業とする企業である。

(4) 販売額および販売チャネル

3社の販売額（2017年度）は，ムソーが約71億円，オーサワが約38億円，創健社が約45億円である（表6-7）。「ムソー」と「むそう」を合わせた「ムソーグループ」に関しては，有機製品の売上シェアは約21%である。また，オーサワと創健社からは同シェアがそれぞれ約30%，約16%という回答が得られた。

製品別の販売額

　表6-7は，製品カテゴリー別・販売先別の販売額シェアを示しているが，有機製品のみの販売額シェアではないことに注意が必要である。

　各企業が用いる商品管理システムが異なるため，3社の製品別の販売額シェアを比較することは困難であった。総じて，製品カテゴリー別の販売額シェアは，程度の差はあれ調味料が最も大きく，次に加工食品が比較的高いという共通点が見られる。

　一方，表6-7の製品カテゴリー別の有機製品の販売額シェアは，有機食品の販売額を別途集計していないために，正確な数値は把握できない。ただし担当者の回答では，製品カテゴリー別の製品数シェア（表6-5）は販売額シェアを反映しているという認識が示されている。

主要な販売先

　化学合成農薬および化学肥料，食品添加物を使用しない「有機」「自然」食品を専門に扱っている「自然食品店」は，いずれの事例においても最大の販売先となっている。その販売額シェアを見ると，オーサワの50.4％が最も高く，次にムソーの29.3％，創健社の17.9％の順に高い。

　ムソーによれば，全国に散在する1,000店舗ほどの自然食品店を販売先としているが，これらの店舗との受注・納品をめぐっては，多くの営業社員の確保や少ロット・高頻度を特徴とするデリバリーに多額のコストが費やされているという。

　自然食品店以外で販売額シェアが高い販売先は，「通販・宅配」と言った無店舗販売である。この通販・宅配への販売額シェアは，ムソーが25.7％（生協宅配と通販），オーサワが24.0％，創健社が18.0％（生協宅配＋ネット通販）と集計されている。

　これに対して，一般スーパーや量販店への販売額シェアは，創健社の「量販店／小売チェーン」比率が40.4％と比較的高く，オーサワの「卸・スーパー」と「一般小売」を合わせた14.8％，ムソーの「一般小売店」の11.2％は，「自然食品店」と「宅配・通販」の同シェアに比べて相対的に低い。

　一方，ムソーの「自然食品チェーン」，創健社の「小売チェーン」の一部には，自然食品，健康食品，有機食品などを専門的に取り扱っているチェーン店舗が含まれている。インタビューでは，これに該当する販売先である「こだわりや」，「ナチュラルハウス」，「F&F」，「Bio C'Bon」，「ビオラル」，「ビオスタイル」等の販売額シェアは年々拡大しているという。

表6-7　製品および販売先別の販売額シェア（%）

区分	ムソー		オーサワ		創健社	
販売額	約71億3,500万円		約37億6,800万円		約44億9,000万円	
製品カテゴリー別	調味料類	23.6	調味料	24.0	油脂・乳製品	15.7
	加工品	20.4	米・小麦・シリアル	15.5	調味料	31.7
	菓子	14.8	豆・ごま類	2.2	嗜好品・飲料	18.1
	雑貨	6.6	ふりかけ・漬物・佃煮	5.6	乾物・雑穀	7.3
	飲料	5.7	海藻・乾物	6.4	副食品	20.4
	スポット品	5.2	加工食品	4.2	栄養補助食品	3.9
	日配品	5.0	菓子類	7.2	その他	2.9
	嗜好品	4.9	穀物飲料・飲料	9.3		
	冷凍品	3.8	コーヒー・茶類	4.1		
	健康食品	3.8	健康食品	9.6		
	業務用	3.6	冷蔵品	1.3		
	その他	1.4	ホームキッチン	4.2		
	産直（農産物）	1.2	ヘルス・ビューティーケア	4.5		
			その他	1.9		
販売先別	自然食品店	29.3	自然食品店	50.4	量販店/小売チェーン	40.4
	生協宅配	16.3	通販・宅配	24.0	専門店（自然食品店）	17.9
	自然食品チェーン	13.8	卸・スーパー	7.9	生協宅配	14.4
	一般小売店	11.2	一般小売	6.9	ネット通販	4.0
	通販	9.4	飲食店	5.1	薬系（ドラッグ）	2.9
	自然食卸	6.1	薬系	2.7	その他	20.3
	外食	4.9	その他	1.8		
	一般卸	4.0	料理教室	1.1		
	その他	5.0				

資料：各企業の提供資料より作成
注：製品合計の販売額および販売額シェアである

4. 有機食品の販売動向に見る変化

(1) 消費者の世代交代

　販売額の変化は，年々の増減はあるにせよ，長期的に増加傾向を維持しているが，とくに有機製品については，持続的な売上の拡大を実感しているという。その背景には，消費者の健康意識や食料の安全性への関心の高まりが影響していることは言うまでもない。

　こうした中，製品別の販売額は，どちらかといえば年次によって起伏が見られ，特定の売れ筋製品が長期にわたって売上を伸ばしているケースは稀であるという。ただし，ムソーでは，これまで製品カバー率が相対的に低かった菓子類などにおいて，有機製品への需要が持続的に高まっている。

　一方，特定の製品への需要の集中が見られない背景には，自然食品の顧客層の世代交代や入手経路の拡大が関係していることが推測される。近年，マクロビオティックや公害問題などに影響を受けた，自然食品のヘビーユーザーともいうべき顧客の高齢化が進む一方で，ライフスタイルやファッションの一部として自然食品や有機食品に接するライトユーザーが増えるに伴い，特定の製品や販売元が有するブランドへのロイヤルティが希薄になっているということである。

(2) 自然食品店以外の販売先の拡大

　ムソーにおいては，自然食品店の販売額が徐々に低下する代わりに，一般小売店とりわけスーパーマーケットチェーンをはじめ，宅配および通販の販売額が拡大している（図6-1）。同様の傾向は，オーサワや創健社についても認められることを，インタビューで確認している。

　個人経営の自然食品店は，オーナー世代のリタイアに伴い店舗数が減少の一途を辿っている。一方で，店舗拡張を図りチェーン店舗化しスーパーマーケットへと業種を転じたものも少なくない。スーパーマーケットに関しては，店舗間競争手段を品質に求める，いわゆる「質販店」の出現のほか，食料の安全性や環境配慮に対する消費者および社会の要求に応じた品揃えへの取り組みも強まり，スーパーマーケットチェーンや量販店からの受注も増えているということである。

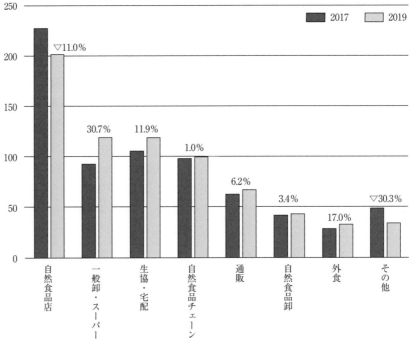

（万円）

図6-1　ムソーにおける販売先別の販売額の変化
（3ヵ年：2017〜2019年）
資料：ムソーの提供資料より作成

(3) PB製品の拡大

　3社の有機製品数のうちPB製品が占めるシェアを見ると，ムソーは262製品のうち44点（16.8％），オーサワは503製品のうち168点（33.4％），創健社は156製品のうち52点（33.3％）をPB製品が占めている（前掲表6-5）。ただし，ムソーの有機製品にはグループ企業である「むそう商事」を販売元とする55製品が含まれているので，これを加えれば同シェアは37.8％になる。

　このような有機製品におけるPB製品数シェアが他の食品に比べて高いのか否かは判断し難いが，3社はともにPB比率を高めてきたのは確かである。その理由は，先に述べた販売チャネルの変化とともに消費者ニーズの変化が関係している。

　自然食品店にNB製品を卸す場合は，基本的に仕入先の訴求価格に自社のマージンを上乗せする値決め方式が採用されてきた。ところが，スーパーマーケットや量販店への販売数量が拡大するにつれて，納品先が求める価格には従前の積み上げ方式では対応し切れない状況が発生した。また，消費者の世代交代が進むにつれ，新しい需要や短い製品サイクルへの対応も必要であった。こうした理由か

ら，販売先の納品価格への調整を図るほか，消費者ニーズに合わせた商品開発のために，仕入先とのOEM方式を通じて，PB製品開発への取り組みを強化してきたのである。

(4) マーケット拡大に伴う課題

　自然・有機専門問屋によれば，有機食品のマーケットの規模拡大が進む中，大手食品問屋からの受注が増えているのも大きな変化の一つであるという[注14]。ところが，自然・有機専門問屋にとって，この点は脅威として認識されている。このまま大手食品問屋による自然・有機食品の取り扱いが増えれば，自らが独自の仕入先を開発・確保した上で，大ロットの物流システムを活用した，より効率的なサプライチェーン構築への取り組みが開始され，仕入れ・販売をめぐる競争において不利を強いられるのではないかと懸念しているからである。

　また，専門問屋が抱える課題としては，有機の生鮮農産物への対応がある。3社はいずれも生鮮農産物を取り扱っていないが，近年，スーパーマーケットの取引先が増えるにつれて，有機農産物の棚割りについて商談を受ける機会が増えているという。食品問屋として店舗の売り場マネジメントを担う上で，有機農産物の確保・調達が欠かせない条件になると想定すれば，現在の製品ラインナップに有機農産物を加える必要があるからである。

5. 考察

　本調査研究の結果は，以下の5つにまとめることができる。

　第1は，有機加工食品の製品市場は，いまだ少数の事業者が限定した製品を展開しているニッチマーケットにとどまっているということである。

　第2に，有機加工食品のサプライチェーンのアクターには，原料または製品そのものの輸入・加工・販売をビジネスモデルとするものが多く，国産原料を使用する有機加工業者の存在は乏しいということである。

　第3に，有機加工食品のサプライチェーン機能は，有機加工業者，自然・有機専門問屋，自然食品店の3つのアクターが担ってきたということである。

　第4に，輸入原料または輸入製品に関しては，大手の商社，食品製造企業，スーパーマーケットチェーンによる製品集中やサプライチェーンの垂直的統合が進行しているということである。

　第5に，前掲の表6-3および事例とした事業者の有機食品の販売動向を吟味すれば，有機食品の市場拡大や消費者の世代交代が進むにつれて，大手のスー

パーマーケットチェーン，商社および食品問屋，大手のメーカーをチェーンアクターとする効率的なサプライチェーンが，（上記の第3で述べた）従来のサプライチェーンに代替する可能性があり，注意深く観察する必要があるということである。

国内農業と連携した有機加工食品のサプライチェーンは，小規模の限定的なチェーンアクター同士が結ばれており，そのため脆弱性を露呈していることが明らかになった。

ところが，その理由は，必ずしもニッチな市場規模や需要の伸び悩みにあるわけでもない。創健社の商品カタログには「国産有機原料」というマークを付してプレミアム価格を実現しており，可能な限り，この類の国産有機食品のさらなる確保を望んでいる。すなわちローカルコンテンツの高い製品に対する需要は拡大していると言ってよい。それにもかかわらず，いずれの事例も製品数に占める有機製品の割合は軒並み20％前後にとどまっている中，創健社の国産有機原料を使用した有機製品は，有機製品数のうち22％に過ぎない。国産有機農産物・原材料の供給体制が脆弱であるとともに，加工事業者が少数に限定されていることが有機食品市場の拡大の足かせになっていると考えられる。

注
1) たとえば，日本有機農業学会誌に掲載された研究論文のうち，国内の有機農産物のマーケットを観察対象としているのは1編（大木 2009）しか見当たらない。関連学会誌や書籍に関しても流通，マーケティングなどをキーワードとする研究は生鮮農産物を対象としているものが圧倒的に多い。こうした中，IFOAMジャパン（2009），日本有機農業研究会（2012），矢野経済研究所（2019）は，サーベイの対象に，有機食品を取り扱う加工事業者，流通業者，小売企業などが含まれているものの，各々の事例を紹介する程度であり，ケーススタディの体裁をなしているものは皆無と言ってよい。
2) 農林水産省は，有機JAS認証を取得している「有機加工食品の認定事業者（生産行程管理者および小分け業社）」のリストを公開している。ところが，開示に同意する事業者のみに限定しているほか，製品情報が得られないものが少なくなかった。
3) 商品のバーコードスキャンにより販売元と商品が特定できるようにコーディングした世界共通の商品識別番号である。
4) したがって，これ以降の分析において有機食品の「製品」とするものは，基本的にバーコードが付いたパッケージ商品であるために，生鮮食品とともに，JANコードを有する有機食品であっても，上に示した3つの語を製品名に含まない食品は観察対象から除外されていることに注意が必要である。
5) 流通システム開発センター「JICFS分類基準書」にはJICFSの食品分類の詳細をリスト

アップしている。なお，本稿でいう食品カテゴリーはJICFSの分類に即している。

6) 流通システム開発研究センター「平成30年度事業報告書」p12より確認した，2019年3月31日現在の件数である。

7) このカテゴリーに属す販売元については，コーポレートサイトを閲覧する限り，食品の製造・加工を行っている痕跡はないことから，流通事業者である。なお，No.10, 12を除けば，いずれも有機食品の輸入に直接携わっている。そこで，貿易商社機能と加工事業者より仕入れた製品を小売企業に卸している問屋機能を同時に果たしている意味で，「卸・問屋・商社」というカテゴリーを用いた。

8) 表6-2のNo.8は，ハウス食品を持ち株会社とする系列会社であるが，事業内容には輸入原料を用いた食品加工事業が含まれている。

9) 終戦後，桜沢如一氏が日本人の伝統的な食事を根幹として自らが考案した食事療法を名付けた語である。久司 (2009) および桜沢 (2015) は，動物性食品，砂糖，乳製品を控え，玄米などの全粒穀物と味噌汁をベースに野菜，海藻，豆類を加えた食事をマクロビオティックの標準食として提示している。ちなみに，「ムソー」とは，食べ物を陰性と陽性に区分した「無双原理（桜沢 2015：57）」に由来する。

　　また，マクロビオティックは，有機農産物，自然食品，伝統的な製法を用いた食品の使用を進めているほか，医食同源，身土不二の思想を標榜している。こうしたことから，中島 (2015：37) は，桜沢氏の「食養法」を日本の有機農業運動と伴走してきた重要な取り組みとして位置付けている。

10) 表6-5に示す3社のPB製品数は，表6-2と異なっている。表6-2の製品数には，廃番となった製品（「ムソー」「創健社」）がカウントされているほか，2018年以降に新たに登録した製品およびJANコードを持たない製品がカウントされていないことが影響している。そういう意味では，表6-2の有機製品数と実際に市販されている製品数との間に乖離が生じていることを否めない。

11)「加工食品品質表示基準」第5条（特色のある原材料等の表示）によれば，有機原料を使用した場合は，有機原料を使用した旨，表示することができる。ただし，当該原料に占める有機原料の割合を示す必要があるものの，その割合が100%である場合は割合表示の省略が認められている。創健社の「有機原料使用」製品のすべては，後者に該当する。すなわち，特定の原料において有機と非有機を混用するケースはないということである。

12)「味噌」や「醤油」については，「長期熟成」のもののほか，添加物を使用せずに，発酵において土着菌の働きを重視した「自然な方法」を用いたものを勧めている。

13) たとえば，味噌および醤油の原料として用いられる大豆についてみれば，2016年度の国内総生産量 (238,000t) に占める国内格付数量 (945t) のシェアは0.4%である。また，麦の同シェアは0.1%に過ぎない。また，同年度において，海外で格付された大豆が日本に仕向けられた数量 (26,934t) は，国内の有機大豆格付数量の28.5倍に当たる（農林水産省「認定事業者に係る格付実績」2016）。

14) 大手食品問屋には，「国分」，「三菱」，「CGC」，「伊藤忠」などが該当する。これら慣行食品ともいうべき一般食品を大量に取り扱う食品問屋は，自然・有機食品については，取引先からの受注量が小ロットであるほか，多数の零細な加工事業者との取引が必要であるために，自ら仕入れずに自然・有機食品専門問屋を経由して製品を確保している。これら大手食品問屋への販売額は，前掲表6-7において，「ムソー」は「一般卸 (4.0%)」，「オーサ

ワ」は「卸・スーパー (7.9%)」,「創健社」は「その他 (20.3%)」に各々分類しているものの,取引先別の製品別販売額は得られなかった。

文献

IFOAMジャパン・オーガニックマーケット・リサーチプロジェクト (2009)『日本における
オーガニック・マーケット調査報告書2010-2011』.

李哉泫・岩元泉・豊智行 (2013)「小売主導に寄り進むイタリアの有機農産物マーケットの
特徴」『農業市場研究』22 (2) 11-21.

李哉泫・岩元泉 (2018)「欧州向け有機食品のサプライチェーンの特徴と意義」『食農資源経
済論集』69 (2) 1-12.

SDGs推進本部 (2019)「SDGsアクションプラン2020：2030年の目標達成に向けた『行動
の10年』の始まり」.

大木茂 (2009)「有機農産物の流通における生協の特徴：関東の生協の事例分析」『有機農業
研究』1 (1) 53-69.

久司道夫 (2009)『久司道夫のマクロビオティック入門編』東洋経済 (第7刷).

桜沢如一 (2015)『新食養法：マクロビオティック健康と幸福への道』日本CI協会 (第35刷).

中島紀一他 (2015)『有機農業がひらく可能性』ミネルヴァ書房.

中嶋康博 (1994)「日本の食品産業研究の現状と課題：「伝統的」および「新しい」産業組織
論の視点から」『フードシステム研究』1 (1) 25-41.

日本有機農業研究会 (2012)『有機農産物の流通拡大のための実態調査報告書：スーパーマー
ケットを中心に』.

矢野経済研究所 (2019)『2018年版オーガニック食品市場の現状と将来展望』.

緑茶の輸出動向にみる
有機緑茶の可能性と課題

| 緑茶の輸出動向にみる
有機緑茶の可能性と課題

李 哉汯

1. はじめに

　近年，有機緑茶の栽培面積・生産量が著しく拡大している。その背景には，国内消費の低迷による荒茶価格の下落を強いられる中，輸出拡大への期待が有機緑茶の生産拡大にドライブをかけているという実態がある。本章では，このように輸出への期待が有機緑茶の生産拡大を刺激している点に着目し，有機緑茶の輸出と生産拡大の関係性を捉え，今後の有機緑茶生産の可能性と課題の整理を試みる。

　そこで本稿では，まず緑茶の需給および価格の推移，輸出先国・地域別にみた緑茶の輸出実態，有機緑茶の生産動向および輸出の推移を概観する。次に，有機緑茶の輸出に取り組んでいる2つの製茶企業を取り上げ，各事例が有する輸出戦略，その戦略における有機緑茶の位置付けおよび戦略実行による成果と課題を確認する。

(1) 基本的な認識と視点

　はじめに，本稿での基本的な認識・視点とともに，調査事例の概要と位置付けについて述べておきたい.

　李ら（2013）は，イタリアの有機農産物・食品マーケットにアプローチし，有機製品が展開する市場がニッチマーケットにとどまっている日本と違って，イタリアはオープンマーケットの成長が有機農産物の生産拡大を導いている一面があることをケーススタディにより論証した。

　その一方で，李（2014）は，消費者を対象とした設問調査の結果により，日本では有機農産物の生産拡大が足踏み状態にあることが，消費者の購入意志に反して需要拡大を妨げていると指摘した。ただし，有機農産物・有機食品に関して，

需要が供給拡大を刺激するのか，それとも供給拡大が需要をつくり上げるのかは依然として疑問である。ここでは，そのような疑問に鑑みて，近年の緑茶輸出への積極的な取り組みと海外市場における有機緑茶の需要拡大とが相まって，有機緑茶の生産拡大をもたらしているという認識の下で，有機農産物・有機食品の新たな市場もしくは需要の創出が有機農産物の生産拡大に貢献しうるということを論証しようとする意図がある。

また李・岩元（2018）は，欧州向け有機食品の輸出実態を捉え，有機食品が持っている認証および訴求すべき価値・価格を輸出先国・地域の消費者まで保証・実現するためには，国内の製茶事業者自らが用意する輸出戦略とともに，国内の生産者，流通加工事業者と輸出先国・地域における輸入・販売事業者をつなぐ輸出向けサプライチェーンの構築が欠かせないことを明らかにした。本章の事例についても，その延長線上で，有機緑茶の価値・価格の実現手段たる輸出戦略や輸出向けサプライチェーンを主要な観察対象として検討する。

（2）事例の概要

2つの事例は，有機緑茶の輸出について，その取組年数が比較的長く，かつ取扱数量も大きい輸出事業者である。また，自らが輸出向けサプライチェーンの構築，すなわち有機緑茶の原料確保・仕上げ加工・現地での販売に至るまで積極的に関与している製茶企業である。

一方，事例A社[注1]については，普通煎茶を中心に有機緑茶のみをドイツに輸出しているが，事例B社は，抹茶を主力製品としてアメリカとヨーロッパを輸出先市場としており，アメリカへの輸出製品については残留農薬基準をクリアした非有機製品が有機製品よりも多くなっている。

これらの事例で見られる有機緑茶の輸出の経緯，輸出戦略は，とりわけ輸出先で展開するマーケティング戦略，緑茶輸出における有機緑茶の位置付け，輸出に際して生じる課題等を，統計分析の結果と合わせて考察すれば，有機緑茶の生産拡大の可能性と課題だけでなく，上述の研究目的も果たせるのではないかと考える。

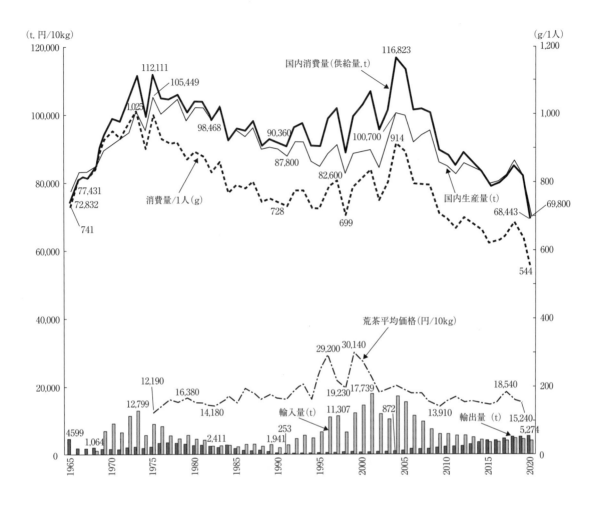

図7-1　緑茶需給および価格の推移　(1965〜2020)
資料：茶業中央会『茶関係資料』各年度

2. 緑茶の供給過剰と輸出拡大への期待

(1) 緑茶の需給および価格の推移

　　緑茶（荒茶）の国内消費量は，1974年にピークの11万2,111t（国内生産量10万5,449t±輸出入量）に達して，それ以後は減少に転じている（図7-1）。国内生産量は年次によって起伏はあるものの，1998年（82,600t）まで長期に渡って減少しており，緑茶消費量の持続的な減少を反映している。国民1人当たりの緑茶

消費量は1973年の1,025gを最高に，1998年には699gまで低下する中，1970年代終わりから1980年代中頃までの供給過剰が荒茶価格の下落をもたらし，それが緑茶生産の縮小を余儀なくしている。

ところが，国内に流通する緑茶の供給量は，1990年以降に未曾有のドリンク緑茶市場の成長[注2]によって再び拡大を始めて，2004年の11万6,823tに達するまでその勢いを保っている。その間（1990〜2004）の国内消費量と供給量・国内生産量との格差，すなわち国内産緑茶の供給不足は，荒茶の平均価格を引き上げると同時に輸入の拡大をもたらした。

2004年に過去最高値を記録した国内供給量（11万6,283t），生産量（10万700t），1人当たり消費量（914g）は，いずれも2005年以降は再び減少に転じている。2017〜2019年に増加の兆しが見られたものの一時的な現象に終わり，2020年には国内生産量（69,800t），国内供給量（68,443t），1人当たり消費量（544g）はいずれも過去最低値を記録している。とくに2006年以降，ドリンク緑茶市場の成長に陰りが見られる中，2015年より迎えた国内生産量が消費量を上回る供給過剰の局面は，今日まで解消されないままとなっている。

したがって，国内産緑茶の供給不足により，1990年代終わり頃に3万円/10kgのピークを迎えた荒茶価格は，国内生産の拡大を刺激したものの，2000年以降のドリンク緑茶の消費停滞ないしは低下が国内消費量の減少に拍車をかけ，供給過剰が顕著になっていく。年々持続的に下落し続けた荒茶価格は，現在は最盛期の半分程度の15,000円/kg台にまで下がっている。

こうした中，緑茶の輸出入の推移に注目すれば，供給過剰の機運が高まり始めた2000年以降，輸入量は徐々に減少しているのに対して，荒茶の平均価格が14,000円/10kgを下回った2009年以降に輸出量が徐々に拡大しつつあったことがみてとれる。

緑茶の輸出は，国内に仕向ける供給を減らすことで荒茶価格の下落に歯止めをかけることが期待できるため，政府が関与する緑茶輸出促進戦略の下で，生産者をはじめとして流通・加工・販売・輸出の関連事業者が連携して，輸出に積極的に取り組んできた成果であるといえる。

(2) 緑茶輸出の拡大

表7-1によれば，2020年の緑茶輸出量（5,274t）は，2005年（1,096t）の4.8倍であり，荒茶生産量（69,800t）の約7.6％に相当する。また，同年の輸出額の約162億円は，単一品目の農産物輸出額としては比較的大きく，過去15年間に7.7倍も増加したことになる。

緑茶の輸出先国数は，2005年の49ヵ国から2020年には67ヵ国へと増えたが，依然として輸出量・輸出額の多い上位10ヵ国で約90%のシェアを占めている。

表7-1　緑茶の主要な輸出国における輸出量・輸出額

主要輸出先国		順位(輸出額)		輸出量(t)			輸出額(百万円)			輸出価格(円/kg)			2020輸出量(%)	2020輸出額(%)	2020平均価格(%)
		2005	2020	2005 A	2020 B	B/A(倍)	2005 C	2020 D	D/C(倍)	2005 E	2020 F	F/E(倍)			
合計(49→67ヵ国)				1,095.8	5,274.4	4.8	2,111.2	16,187.6	7.7	1,926.6	3,069.1	1.6	100.0	100.0	100.0
	アメリカ	1	1	352.6	1,940.9	5.5	664.5	8,436.1	12.7	1,884.5	4,346.4	2.3	36.8	52.1	141.6
	台湾	4	2	83.8	1,406.6	16.8	147.3	1,549.5	10.5	1,758.2	1,101.7	0.6	26.7	9.6	35.9
	ドイツ	3	3	95.9	307.2	3.2	188.7	1,162.0	6.2	1,968.9	3,783.2	1.9	5.8	7.2	123.3
	シンガポール	2	4	82.1	239.6	2.9	196.0	743.2	3.8	2,387.3	3,102.2	1.3	4.5	4.6	101.1
	カナダ	7	5	73.8	163.2	2.2	106.9	660.5	6.2	1,448.3	4,047.5	2.8	3.1	4.1	131.9
	香港	5	6	83.6	134.7	1.6	129.9	570.9	4.4	1,554.2	4,237.2	2.7	2.6	3.5	138.1
	タイ	12	7	18.3	196.5	10.7	47.1	436.3	9.3	2,568.7	2,220.7	0.9	3.7	2.7	72.4
	マレーシア	13	8	21.3	217.9	10.2	46.5	358.1	7.7	2,177.4	1,643.7	0.8	4.1	2.2	53.6
	フランス	6	9	27.4	109.0	4.0	125.2	312.4	2.5	4,565.8	2,866.8	0.6	2.1	1.9	93.4
	イギリス	8	10	44.9	53.3	1.2	88.6	256.1	2.9	1,973.3	4,809.4	2.4	1.0	1.6	156.7

資料：財務省『貿易統計』（当該年度）

2020年現在，日本緑茶の最大の輸出先はアメリカで，輸出量（1,947t）および輸出額（84億3,600万円）は，それぞれ輸出全体の36.8%，52.1%を占める。後者のシェアが前者を大きく上回っている要因は，アメリカへの輸出価格（4,346.4円/kg）が平均価格の1.4倍と高いためである。なお，過去15年間で，輸出量は5.5倍，輸出額は12.7倍に増大している。

台湾は2番目に大きい輸出先で，同国への輸出量は1,407t，輸出額は15億5,000万円である。同国への輸出量シェアは26.7%，輸出額シェアは9.6%である。輸出量が過去15年間に16.8倍も増加したことは注目される。また輸出量シェアは，アメリカと台湾の2ヵ国だけで63.5%ときわめて高いことも注目される。

緑茶輸出量が3番目に大きい国はドイツである。ただ，同国への輸出量シェアは5.8%であり，アメリカと台湾に比べれば相対的に小さい。ドイツに続く上位国についても，上位にランクしているとはいえ，各国への輸出量シェアは5%に満たない。

　一方，輸出価格についてみると，輸出価格が相対的に高いために，輸出額シェアが輸出量シェアに比べて大きい国々がある。たとえばアメリカへの平均輸出価格は4,346.4円/kgで最も高く，ドイツ，カナダ，香港，イギリスへの輸出価格も相対的に高く，かつ2005年以降はその価格水準が上昇している。これらの国に対して，台湾，タイ，マレーシア等のアジア諸国では，シンガポールや香港を除いて，輸出価格は平均を下回っており，2005年と比べて輸出価格の上昇もみられない。とくに台湾について見れば，輸出量シェアが26.7%と比較的高いものの，輸出価格は平均を大きく下回り輸出額シェアは9.6%にとどまっている。

(3) 輸出先国によって異なる緑茶の取扱形態と消費者ニーズ

　図7-2は，輸出先国によって異なる取扱形態と茶の種類を示している。この図では，輸出量に占める「3kg以下の荷姿」の数量シェアと，「粉末茶」の数量シェアから，輸出先国における日本茶のマーケット構造のイメージをつくることができる[注3]。前者については，日本国内で仕上げ・小分け・包装を済ませた「コンシューマーパック」と考えれば，これが占める輸出量シェアが高いことは，輸出先国の消費者に伝える製品価値や価格付けにおいて，日本国内の製茶企業の意図が作用しており，現地の流通・加工業者による製品選択や発注数量以外の関与が少ないサプライチェーンが構築されていることを暗示する。

　逆に，荷姿が3kgを超えるバルク製品は，加工・業務用であるか，もしくは輸出先国の輸入業者が現地でブレンド・小分け・包装を加えて消費者に販売しているため，日本の製茶企業による前方チャネル管理が難しく，かつ現地の輸入・加工・流通業者が製品価値の訴求や価格決定に積極的に関与するサプライチェーンであることが推測できる (李 2019)。

　また，輸出量に占める茶種すなわちリーフ茶と粉末茶のシェアの相違は，前者が高ければ現地消費者のニーズがリーフ茶に相対的に集中していること，後者のシェアが高ければ抹茶のニーズが相対的に高いことを示す。このことをふまえて図7-2を見ると，①カナダ，香港，メキシコ，シンガポール，マレーシア，オランダ，スイス等は，日本の製品をそのまま輸入し，リーフ茶を中心に小売店舗で販売されるケースが相対的に目立つ国々，②台湾，ドイツを筆頭に，フランス，ベルギーは，リーフ茶を中心にバルクで輸入した日本茶を輸出先国の輸入・加工・販

売企業が現地でブレンド・小分け・包装した製品を，小売店舗を通して販売している国々，③アメリカ，イギリス，ベトナム，オーストリア等，日本の製品をそのまま輸入する割合が相対的に高く，現地市場に展開する日本茶の多くが抹茶である国々，④イタリア，ロシアのように，バルク状態の輸入により現地で加工・販売するケースが多いが，製品の多くは抹茶が占めている国々，に区分することができよう。

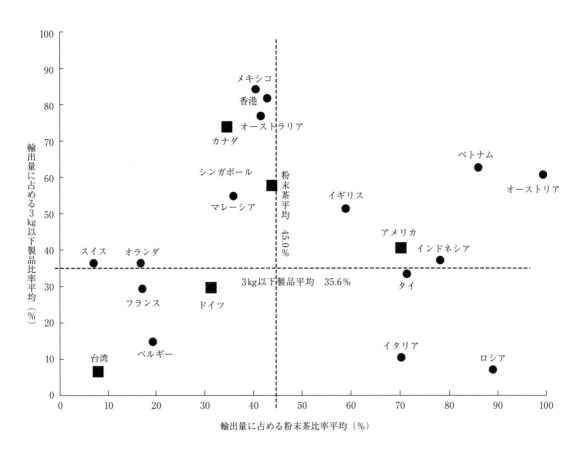

図7-2　製品形態および茶種類から輸出先国の特徴（2020）

資料：日本茶輸出促進協議会および茶業中央会が提供する緑茶輸出実績より作成
注：1）2020年の輸出額の上位20ヵ国について示した
　　2）■は，同年の輸出額上位5位にランクしている国々である

3. 有機緑茶の生産動向と輸出の実態

(1) 有機緑茶の格付面積および数量の推移

2001年に荒茶ベースで927tであった有機格付数量は，2010年に2,088tへと，10年間で2倍以上に拡大した（図7-3）。その後，2011～2013年までは，東日本大震災時の原発事故により緑茶の輸出が停滞したためやや減少する動きを見せた。ところが，2013年には1,897tまで減少した有機緑茶（荒茶）の生産量が，2019年には6,757tまで拡大し，6年間で4,860t，3.6倍の増加を示した。有機緑茶の数量シェアは，2001年時点で国内の荒茶生産量のわずか1.1%であったが，2019年には8.8%にまで拡大した。

一方，仕上げ茶については，製品の売れ行きに合わせて荒茶の在庫管理が必要

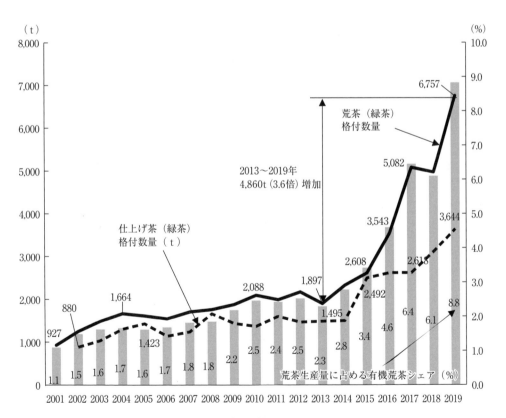

図7-3　緑茶の有機JAS格付数量の推移

資料：農林水産省「認証事業者に関わる格付実績」各年度および茶業中央会『令和3年度茶関係資料』より作成
注：発酵茶等その他の茶を除く「緑茶」のみの数量である

になるため，荒茶とはいささか異なる傾向を示している。2016年以降の仕上げ
茶の格付数量は，それ以前に比べて，荒茶数量との格差が相対的に大きくなって
いる。これには荒茶の在庫増加すなわち有機緑茶の販売不振が作用していること
が推測される。なお，この販売不振は，後掲の図7-4を見る限り，同期間における
有機緑茶の輸出量の停滞ないし減少とも関係していることが考えられる。

(2) 産地別にみた有機緑茶生産の取り組み

　　2021年の有機緑茶の格付面積は1,376haで，2018年の1,255haから121.4ha
の増加であった。また，2020年の緑茶栽培面積の合計に占める2021年の有機緑

表 7-2　緑茶の府県別・有機格付面積

		県	格付面積 (a)				県別・栽培面積シェア (%)
			2018年4月 A	2021年4月 B	面積シェア (%)	B-A	
	1	鹿児島	49,277	63,092	45.9	13,815	7.5
	2	静岡	21,865	24,509	17.8	2,644	1.6
	3	宮崎	14,823	16,123	11.7	1,300	12.1
	4	三重	6,408	6,594	4.8	186	2.4
	5	京都	5,295	5,525	4.0	230	3.5
	6	長崎	11,348	4,280	3.1	− 7,068	5.9
	7	愛知	3,478	3,522	2.6	44	7.0
	8	奈良	2,686	3,202	2.3	516	4.9
	9	福岡	2,067	2,904	2.1	837	1.9
	10	熊本	2,443	2,307	1.7	− 136	2.0
府県別	11	大分	896	1,637	1.2	741	3.5
	12	佐賀	1,010	1,043	0.8	33	1.5
	13	高知	550	550	0.4	0	2.0
	14	滋賀	143	513	0.4	370	0.9
	15	島根	1,747	508	0.4	− 1,239	2.8
	16	沖縄	460	460	0.3	0	19.2
	17	岐阜	334	316	0.2	− 18	0.5
	18	鳥取	269	300	0.2	31	30.0
	19	埼玉	85	85	0.1	0	0.1
	20	兵庫	89	82	0.1	− 7	1.0
	21	愛媛	25	22	0.0	− 3	0.2
	22	徳島	16	16	0.0	0	0.1
	23	山梨	0	14	0.0	14	0.1
	24	群馬	148	0	0.0	− 148	0.0
合計			125,462	137,604	100.0	12,142	3.5

資料：農林水産省「国内における有機JASほ場の面積」当該年度
　　　日本茶業中央会（2021）「茶関係資料」
注：1）2021年の格付面積が大きい順に並べている
　　2）県別・栽培面積シェアは2020年の栽培面積に対する2021年の格付面積のシェアである

茶の割合は3.5%である（表7-2）。

　2021年に有機緑茶の格付茶園が存在する産地（府県）は23である。有機緑茶の格付面積の45.9%は鹿児島県に集中しており，その面積は631haである。続いて静岡県（17.8%），宮崎県（11.7%）も相対的に多くの格付面積を有している。なお，これら3県の格付茶園面積（1,037ha）は，全国の緑茶格付面積の75.4%のシェアを占めている。ちなみに，三重県，京都府，長崎県，愛知県，奈良県，福岡県，熊本県は，20ha以上の有機格付面積を有し，格付面積の上位10位内にランクインしている産地である。

　鹿児島と宮崎県は，有機緑茶の格付面積も大きいが，産地内での格付面積の割合も高く，有機生産への積極的な取り組みが見られる。その一方で，静岡県は格付面積こそ2番目に大きいものの，産地全体として有機緑茶生産への取り組みは消極的な印象である。

　また，2018年から2021年にかけて大部分の産地において格付面積は増加している中，その面積の拡大を鹿児島県が牽引している。ところが，長崎県，熊本県，島根県，岐阜県，愛媛県，群馬県では格付面積の減少がみられる。これらの産地では，有機緑茶の生産拡大を妨げる何らかの要因が存在すると推測される。

（3）有機緑茶の輸出実績

　農林水産省が提供する有機JAS認証の「同等性の仕組みを利用した有機緑茶の輸出量」を用いて，有機緑茶の輸出先国別の輸出量を確認した。図7-4がそれである。

　この図を見ると，2010年当初は，同等性が認められたアメリカ（11t），EU（27t）への輸出は37.4tであったが，同年の有機仕上げ茶（1,358t）のわずか0.28%を占める数量であった。その後，カナダ，スイスとの同等性の仕組みも整い，2015年には輸出量を458tにまで拡大した。このうち，EUへの輸出量（360.4t）は78.7%のシェアで，この時期の有機緑茶の輸出先はEUに大きく傾斜していた。

　その後，2016年の有機緑茶の輸出量は609.7tで，2017年には若干の減少が見られるものの，2020年には1,019.7tまで拡大する。2015年の2.2倍である。と同時に，国内の有機仕上げ茶の数量に占める輸出量シェアも，2020年には28.0%へと大幅に拡大した。

　図7-4を見る限り，この2010年代後半の急激な拡大はアメリカへの輸出によって牽引されていた。2020年にアメリカに輸出した有機緑茶（441.1t）は，2015年当時の81.7tの5.4倍であり，かつ緑茶輸出量合計の22.7%に相当する。

EUへの輸出量は，同期間において1.5倍の増加にとどまっており，アメリカと比べると足踏み状態にあるといってよい。

　いずれにしても，2020年の同等性の仕組みを利用した輸出に限定すると，輸出先国・地域は，EU (53.9%) とアメリカ (43.3%) に大きく傾斜していることは言うまでもない。

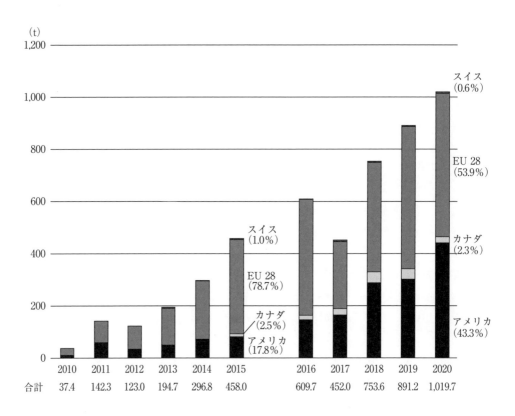

図7-4　同等性の仕組みを利用した有機緑茶の輸出量の推移

資料：農林水産省「同等性の仕組み等を利用した有機食品の輸出数量の推移」
注：2020年は，台湾への輸出量3.1tを集計しているが，グラフでは除外されている

4. 緑茶輸出促進に向けての施策・対策の展開

　表7-3は，日本政府が2020年に打ち出した「農林水産物・食品の輸出拡大実行戦略」に示している緑茶の輸出目標である。緑茶のターゲットとすべき輸出先国・地域は，アメリカ，EU，中国，その他に区分され，各輸出先国・地域に合わせた輸

出額目標および必要とする施策を示している。

この目標と対策の骨子は，3点にまとめることができる。1つには，緑茶の輸出に関して「残留農薬基準が輸出の障壁になっている（ために）」，「旺盛な需要のある」，「有機に対する嗜好が強い」，アメリカやEUをターゲットにした有機茶の生産拡大を促していること，2つには，非有機製品に関しては輸出先国・地域が設ける厳しい残留農薬基準がその輸出拡大を妨げていることから，その基準の譲歩を目指した「インポートトレランス（import tolerance）」の申請を加速化すること，3つには，海外における日本茶市場および消費者の底辺拡大のために，積極的なプロモーションを展開することである。

このような緑茶輸出拡大を目指した戦略は「茶業及びお茶の文化の振興に関する基本方針」（農林水産省 2020）にも反映され，「輸出先国・地域が求める輸入条件への対応」には，「日本よりも厳しい残留農薬基準となっている輸出先国・地域において，合理的な残留農薬基準が設定されるよう」に働きかけることが記されている。また，これらの戦略実行に必要な各種施策に関与する「日本茶輸出促進協議会」においては，目下，EU，アメリカ等主要な輸出先国・地域の残留農薬基準を満たせる防除体系の実証・実装に力を入れている（日本茶輸出促進協議会 2018）。

表7-3　緑茶の目標市場別の輸出額目標および対応課題

（単位：億円）

	2019（実績）	2025年（目標）	国別ニーズ・規制に対応するための課題・方策
合計	146	312	—
アメリカ	65	118	・人気の抹茶および旺盛な需要のある有機茶について，実需者から求められる輸出ロット（量および質）を確保できる生産・流通体制を構築する。現在の米国東海岸および西海岸での販売地域を内陸部まで拡大を目指す。また，インポートトレランス申請支援を継続するほか，米国の残留農薬基準に適合した茶の生産を拡大する
EU	23	35	・EUはとくに厳しい残留農薬基準が輸出にあたっての障壁になっていることに加え，有機に対する嗜好が強いことから，有機栽培自体の国内生産量を増やし，EU市場に対する有機茶の輸出をさらに増やすとともに，インポートトレランス申請を加速化する
中国	0	80	・大消費地である中国における放射能物質規制緩和による茶市場拡大に期待
その他	58	79	・これまで堅調な台湾，シンガポール，インドネシア，アラブ首長国連邦などへの輸出を維持・促進するために，プロモーションを継続実施

資料：農林水産物・食品の輸出拡大のための輸入国規制への対応等に関する関係閣僚会議（2020）
「農林水産物・食品の輸出拡大実行戦略：品目別輸出目標（別表1）」
『農林水産物・食品の輸出拡大実行戦略：マーケットイン輸出への転換のために』（令和2年11月30日）p15

5. 事例にみる有機緑茶の輸出実態

(1) 事例の概要と位置付け

　本稿が取り上げる2つの事例のうち，A社は，鹿児島県に立地する荒茶の集荷・卸売業と仕上げ茶の加工・販売をビジネスとする緑茶の産地問屋兼仕上げ茶の製造企業であり，B社は愛知県で古くから抹茶を中心に茶類の製造・卸しを行っている製茶企業である。いずれの事例も輸出の開始は早く，A社は1992年に，B社は1983年に開始しており，緑茶輸出のフロンティア的な存在である。

　事例企業の経営概要は表7-4に整理しているので，以下では各事例における緑

表 7-4　事例の概要

	事例 A	事例 B
調査年度	2017	2019
所在地	鹿児島県鹿児島市	愛知県西尾市
事業内容	荒茶の集荷・卸し 仕上げ茶製造・販売	抹茶をはじめとする茶類の製造・卸販売
創業年次	1954 年	1888 年
設立年次	1962（有限会社）	1950（有限会社）
資本金	2,300 万円	3,000 万円
売上	約 30 億円	約 63.5 億円
うち，輸出額	約 4,000 万円	約 30 億円
販売数量（荒茶, t）	約 3,000t	約 1,300t
うち，輸出数量	約 15t	約 650t
有機比率	・販売額シェア　　　約 1% ・輸出量シェア　　　100%	・荒茶数量シェア 15〜20% ・販売額シェア　 20〜30% ・輸出量シェア　 50% ※アメリカ 10%, ヨーロッパ 100%
輸出先 地域・国	・ヨーロッパ地域へ特化 ※ドイツ（50%），ドイツ以外（50%） ・近年，アジア諸国への進出	・アメリカ　500t ・ヨーロッパ　150t ＊オーストリア，ドイツの2ヵ国のシェアは約 30% ・タイ　約 5% 程度
輸出の契機 と経過	・1990 年　海外の国際見本市 SIAL1990（パリ・国際食品展）に初出展 ・1992 年　茶海外取引を開始（ドイツ ALLOS 社） ※残留農薬検出により輸出停止 ・1995 年　ヨーロッパにおける有機認証の取得 ・1998 年　農業生産法人有限会社ビオ・ファームを設立（約 10ha） 　　　　　ドイツに現地法人を設立 ・2001 年　有機 JAS 認証取得	・1978 年　抹茶の無農薬，有機肥料栽培を開始 ・1983 年　カテキン摂取のサプリメントとしてアメリカへ ・1998 年　ニューヨークに出張所 ※ 2001 年法人化，2004 年ロサンゼルスへ ・1998 年　ヨーロッパへ進出（ハンブルグ展覧会） ・2001 年　有機 JAS 認証 ・2002 年　ヨーロッパ認証, USDA 認証 ・2003 年　オーストリアに現地法人 ※ 2008 年ハンブルグへ移転

資料：面接調査の結果より作成
注：2社とも現在は株式会社となっている

茶輸出の実態の理解に必要な情報を記しておきたい。

事例Aの概要

　A社は，1990年に海外（パリ）の食品見本市への出展が成果を上げ，1992年にはじめてドイツへの輸出を成し遂げた。ところが，その際に，ドイツが設定する残留農薬基準を満たせずに輸出した緑茶を全量廃棄するという事態を経験した。

　そこでA社は，残留農薬検査を回避できる「有機緑茶」に輸出製品を特化し，1995年にヨーロッパの有機認証を取得した。そして輸出先国（＝ドイツ）の取引先からの発注量の増加に合わせて，安定的な有機緑茶の供給を図るべく，1998年に約10haの有機緑茶の専用圃場を設けた。と同時に，ドイツの主要な顧客であったM氏の出資を受け，ドイツにA社製品の輸入・加工・販売を専門に担う現地法人を設立する。

　近年（2017年），A社は約15tの有機緑茶のみをドイツの現地法人に送っているが，自社の取扱数量（約3,000t）に占めるシェアは0.5％程度で，輸出額（約4,000万円）についても販売額（約30億円）に占めるシェアは1％程度である。

　このように，A社の有機緑茶の輸出実績は，後述するB社に比べて相対的に小さいものの，2017年のEUへの有機緑茶の輸出量（256.7t）に占めるA社のシェアは6％弱であったことから，EU向けの有機緑茶に関しては主要な輸出企業である。

事例Bの概要

　B社は，抹茶原料（碾茶）の産地において，抹茶の加工・販売企業として古い歴史を持つ。それ故に，B社の販売額の約90％は抹茶が占めており，輸出製品の大部分も抹茶である。

　2019年の取扱数量（約1,300t）および販売額（63.5億円）に占める輸出量（約650t）および輸出額（約30億円）のシェアはいずれも約50％である。

　ただし，有機緑茶の輸出量は200t程度（約31％）であり，輸出額ベースで約50％を占めている。ちなみに，B社が輸出する有機緑茶の数量は，2019年の有機格付仕上げ茶の約5.5％，同等性の仕組みを利用した有機緑茶輸出量の約20％に相当する。日本の有機緑茶を最も多く輸出する大手製茶企業と見ることができる。

　一方，輸出量のうち約500tをアメリカに，約150tを欧州に各々仕向けていることから，輸出先国はアメリカに傾斜している。ところが，約200tの輸出向け有機茶については，その4分の3（約150t）は欧州に輸出されている。その背景には，A社と同様に，慣行栽培茶では通関・検疫が困難であるという事情がある。

B社の輸出の契機と経過を見ると，ターゲットとする輸出先国・地域に設立した自社の現地法人による営業活動を通じて，アメリカや欧州の抹茶市場を開拓してきたことがわかる。

（2）サプライチェーン統合による製品価値の訴求・維持：事例A

A社の輸出マーケティングにみる最大の特徴は，自社直営の有機茶園から有機荒茶の確保，自社製品の仕上げ・小分け・包装，輸出先国における流通・販売までの輸出茶のサプライチェーンを，消費者にアクセスできる段階まで統合していることである。

A社が輸出先国とするドイツは，3kg以下の包装製品茶の輸出量シェアが相対的に低く，かつリーフ茶の需要が高い国である（前掲図7-2）。その背景には，ドイツが古くから欧州諸国に供給される輸入茶の集散地機能を有し，老舗たる30数社が輸入茶を自らブレンドして煎茶に仕上げている事情が働いている（李2019）。

ドイツ茶協会（Deutscher Tee & Kräutertee Verband e. V. 2020）によれば，ドイツの消費者が飲用する緑茶の多くはリーフ茶とりわけ煎茶であるが，飲茶の場面ではティーバッグが多用されている。また，小売店の煎茶販売棚を観察した李（2019）によれば，取り扱う煎茶には中国産原料が使われている安価な製品が目立つほか，製品の価値や知識すなわち日本の飲茶文化，製法，淹れ方等の説明が消費者に伝わっているケースは皆無であったと指摘する。

A社の現地法人は，こうしたドイツの緑茶マーケットの特徴に鑑みて，日本茶の正しい知識や日本に固有な飲茶文化を消費者に伝えた上で，その価値を訴求した適正な価格を確保することにマーケティング戦略の目標を定めている。

A社は，このようなマーケティング戦略を実行すべく，自社が備える製品ラインと製品ごとの価格をそのまま輸出先国でも維持しており，これらの製品には日本のイメージを強調した「KEIKO」というブランドを冠している。

製品販売については，現地法人のプロモーション活動を通じて，日本茶とりわけ製品価値や製品知識に好意的な販売チャネルを構築してきた。A社の現地法人の社屋には日本庭園と茶室を用意した上で，年に数回，ヨーロッパ中の販売先のオーナーやバイヤーを招待して茶道会を開催し，日本茶の製法の特徴，淹れ方，茶種の違い等を，試演を通じて販売先に伝えている。

なお，A社は日本茶の製品価値や知識をないがしろにしている一般小売店を避け，欧州全域に広がる400余のオーガニック・自然食品専門店を顧客として絞っている。とりわけ，オーガニック・自然食品専門店は，オーガニック・ユーザーを

主たる顧客としているため，「有機」の価値および価格の訴求が相対的に容易であるという。ちなみに，販売額ベースでは，ドイツ国内の店舗で約50%，ドイツ以外の国の店舗で約50%を売り上げている。加えて，近年は，ネット通販を通じた消費者への直接販売も手がけているものの，まだわずかな販売額にとどまっている。

一方，緑茶製品の売れ行きに関しては，普通煎茶の売上シェアが80%弱であるが，近年は，抹茶の売上が著しく伸びている。さらに，現地消費者のニーズに合わせて，現地法人が独自に開発したフレーバー茶の販売にも手応えを得ている。

(3) 製品戦略とチャネル戦略の組み合わせによる市場開拓：事例B

B社の輸出戦略の最大の特徴は，煎茶に比べて相対的に認知度の低い「抹茶」という製品を，輸出先国の現地市場における積極的なプロモーションとりわけ人的資源を活用した実需者への営業を通して，製品市場を開拓してきたことである。市場開拓に際して，B社は必ずしも日本の伝統的な飲茶文化にこだわってはいない。このことは，B社が輸出した抹茶の販売先が食品加工事業者に集中していることからもわかる。すなわち，B社が輸出する緑茶の需要は，飲用茶としての抹茶製品そのものではなく，その多くが飲料，スナック菓子，ケーキ等に使用する加工業務用なのである（表7-5）。

B社は，1983年にはじめてアメリカ市場に進出した当時，現地消費者や実需者は日本の抹茶への認知や知識がないため，販路開拓に苦戦を強いられた。そこで1998年に，後に現地法人となる出張所を設立し，積極的に営業活動を展開する。その中で，抹茶が菓子類の原料として受け入れられることに気づき，菓子類の加工事業者にターゲットを絞ったプロモーション活動に力を入れた。その後，2010年頃にアメリカ国内の一部の大手カフェチェーンが，消費者の健康意識の高まりを反映し，抹茶ラテ等の抹茶飲料を積極的に取り扱うようになる。それを契機に，多くの抹茶をカフェチェーンに供給するようになった[注4]。このように輸出先国の実需者および消費者のニーズに応じた製品戦略とプロモーション戦略によって，現在では輸出抹茶の約90%を加工業務用として供給している。

他方，欧州市場に進出した際も，1998年にハンブルクの展覧会への出展を皮切りに，積極的な営業活動を展開した。当時，欧州域内において飲用茶としての抹茶需要は皆無に近かった。そこで2003年より現地法人が抹茶挽き石臼を持ち込んでの営業活動を展開し，抹茶の供給先の獲得に成功した。ただ，アメリカに比べて相対的に日本茶の普及が進んでいた欧州では，自社製品を小売店で販売する機会が得られたために，輸出数量に占める加工業務用のシェアは約30〜40%

表7-5　事例にみる緑茶輸出の実態

	事例 A	事例 B
輸出組織・体制	□自社農園＋契約生産者から有機緑茶の確保 □現地法人による見込み需要 →仕入数量の発注 □普通煎茶の自社仕上げ・製品化 □ドイツ現地法人による販売 ※3kg 未満　61% □現地消費者のニーズに応じた製品開発 □抹茶は現地挽き	□現地法人 ①アメリカ ②ヨーロッパ ③中国 ④オーストリア ⑤タイ □現地法人の機能 ・スタッフを活用した自らの営業・プロモーション ※販路開拓 ・プラットフォーム機能 ・バルク輸送―現地製造・卸し □抹茶は現地挽き
原料確保の仕組み	□自営農場 1998 年：鹿児島県川辺町に約 10ha の「ビオファーム（Bio Farm）」 □契約生産者 必要に応じて契約生産者より仕入れ	□仕入先の茶園： ・鹿児島県（300ha），三重県（200 ～ 300ha），京都府（100 ～ 150ha），西尾市（100ha） ※荒茶 2000t の仕入れのうち，有機は約 15% □有機茶園面積：100 ～ 150ha ・京都府・西尾市 15 ～ 20ha，残りはすべて鹿児島県 □有機緑茶の契約形態： 　収穫前に面積・価格の事前契約
輸出製品ライン（茶種・価格）	□国内の茶種のほとんどをカバー □70% 以上は普通煎茶 ※抹茶 約5% □現地ニーズ対応製品：抹茶チョコ，生姜茶，紫蘇茶，柚子茶など □製品ブランド：KEIKO	□抹茶が 90% □加工業務用（バルク）： ・アメリカは 90% ・ヨーロッパは 30 ～ 40% □自社包装製品： ・ヨーロッパの輸出量の約 60 ～ 70%
輸出先地域・国	□ヨーロッパへ特化 ドイツ（50%），ドイツ以外（50%） □アジア諸国への進出	□アメリカ　500t（うち，10% 有機） □ヨーロッパ　150t（100% 有機） ※オーストリア，ドイツのシェア 30% □タイ 5% ほど □中国：現地生産による製造・販売
販売チャネル	□オーガニック・自然食品に特化した小規模の個人店舗を中心に 400 余りの配送先 □ネット通販による直接販売あり □専門小売店およびスーパーマーケットとの取引は僅か	□アメリカ：加工業務用 90%（菓子，ケーキ，飲料など） □ヨーロッパ：小売 60 ～ 70%，加工業務用 30 ～ 40%
輸出茶のプロモーション	□コーポレートサイドおよびパッケージ情報：茶産地および品種別の特徴，仕上げ製法，お茶の淹れ方，日本伝来の飲茶文化など □社屋の茶室で行われる日本茶の茶道教室，取引先のオーナーを集めて開かれるイベント	□現地法人のスタッフによる営業・販路開拓 □現地市場の需要先・消費者ニーズに合わせた製品展開 ※現地マーケット・消費者のニーズへの積極的対応

資料：表7-4に同じ

としてアメリカのそれに比べて相対的に低い。

　B社の輸出事業における有機抹茶の位置付けは，輸出先市場によって異なっている。アメリカの場合，必ずしも有機製品ではなくても通関が可能である。そのため，有機抹茶の輸出拡大は，むしろ近年の若い女性を中心としたオーガニックユーザーの増加が背景にあり（日本茶輸出促進協議会 2017），高い付加価値が期待できるプレミアム製品として差別化を図った，B社による積極的な需要開拓の成果である。

　それに対して欧州の場合は，残留農薬基準が厳しいために，有機抹茶の方が現地市場への進出が容易であるという事情があった。そこでB社は，2001年以降に有機JAS認証を取得している茶園の確保を急ぎ，約150haの茶園と収穫前に価格を決め，全量引取の契約取引を行っている。契約する有機茶園は，京都府および西尾市では20ha弱に過ぎず，大部分（約130ha）は鹿児島県に所在する。ちなみに，このB社が契約する有機茶園面積が鹿児島県の有機茶園面積合計（2021年,631ha）に占めるシェアは20.6%とかなり高い。

（4）輸出戦略およびサプライチェーンの特徴

　ドイツ国内では，日本茶に関する正しい知識が消費者に伝わらないまま，中国産等の日本以外から輸入した緑茶が日本の「Sencha」と表記され，販売されているケースは少なくない。こうした中，日本茶の輸出をめぐっては，他国産の緑茶製品との価格競争を強いられている面がある（李 2019）。

　A社は，輸出向け緑茶のサプライチェーンすなわち日本国内での原料生産，仕上げ，小分け・包装，輸出先国・地域への供給，現地での調製・販売にいたるすべてのプロセスを垂直的に統合して，日本固有の緑茶の飲茶文化，製法や淹れ方に基づく風味をドイツの消費者に伝えている。そのことにより，日本茶が訴求すべき製品価値と価格を実現している。また，輸出チャネルの設計および管理においては，オーガニック・自然食品販売店に取引先を限定し，現地法人のプロモーションを通じて，正しい日本茶の定義・知識・味を顧客に伝えるほか，オーガニックユーザーをターゲット顧客にすることにより，有機製品が訴求すべき価値・価格を実現している。

　B社は，A社と逆ともいえるが，日本茶の歴史性・伝統性・文化性をプロモーションに活用したとは言い難く，どちらかといえば，輸出先国・地域の現地ニーズに合わせた需要の掘り起こしに集中したマーケティング戦略を展開した。その結果，菓子類，飲料等の加工業務用の需要拡大に応じた抹茶の輸出拡大を実現している。B社の輸出戦略からは，輸出先国・地域のニーズに合わせた輸出マー

ケティング戦略すなわち4P (product, price, place, promotion) の組み合わせ (mix) 次第では，日本茶が訴求してきた情緒的ベネフィットを機能的ベネフィットが代替することにより，新たな輸出市場・需要の開拓・開発が十分に可能であることを確認できた。

(5) 有機緑茶の位置付けと課題

輸出における有機製品の位置付けは，各事例において異なっている。

A社は当初，自社が集荷した慣行栽培茶が残留農薬基準を満たせずに輸入を停止されたことから，有機製品に特化した製品ラインを構築せざるをえなかった。B社は，欧州市場については，A社と同様な事情を抱えているが，アメリカ市場に関しては，残留農薬基準を満たした上で，非有機製品を多く展開しており，相対的に高い付加価値が得られる有機製品を製品ラインの一部に加えている。

一方，有機製品の原料（生葉または荒茶）の確保をめぐっては，不特定多数の生産者とのスポット取引を避け，A社は直営の有機茶園，B社は契約茶園によって確かな原料の安定確保を図っている。このような原料確保の仕組みが，有機認証や製品品質を，輸出先国・地域の消費者にまで保証できている点は，2社の事例に共通して見られる特徴である。

また，2社とも，アメリカやEU諸国では有機食品に対する需要が年々拡大しており，有機緑茶の輸出拡大の可能性と，高い付加価値が得られる差別化製品であることを実感しているという。

とはいえ，輸出先国・地域の日本茶マーケットは，他国産の緑茶に対しても市場アクセスの機会を与えている。そのため，相対的に安価な中国産，ベトナム産等の緑茶との競争を強いられている。また，スーパーマーケット等の一般小売店との取引を躊躇しているA社に関しては，オーガニック・自然食品専門店に限定しているために，依然として自社製品の展開する市場がニッチマーケットにとどまっており，輸出額は伸び悩んでいる。

B社では，海外の日本茶市場の拡大に伴う競争の激化は，次第に日本国内の輸出向け製品に対する供給拡大・安定化の要求を強めているが，今後も品質および認証を保証する製品の十分な確保が持続的に維持できるとは限らない，という指摘もあった。

このような状況は，輸出向け緑茶のオープンマーケット展開や供給拡大の必要性と同時に，さらなる輸出拡大のためには非有機製品の輸出への道にも期待がかかっていることを暗示している。

6. まとめ

　以下では，これまで述べてきた緑茶および有機緑茶の生産・輸出の推移と輸出先国・地域の日本茶市場の特徴，事例の緑茶輸出への取り組みから読み取るべき4つのメッセージを整理した。

　第1は，緑茶輸出量・輸出額は年々拡大しているが，その一部をなしている有機緑茶の輸出増加も著しいということである。とりわけ，アメリカの有機緑茶の輸出シェア（22.7％）はEUに比べて相対的に低いものの，年々の増加率はEUのそれより遥かに高く，今後もオーガニックユーザーの増加によって有機茶のマーケットは広がる可能性があるといってよい。

　第2は，こうした中，ドイツをはじめEU諸国が設定している残留農薬基準の厳しさ（輸出要件）や，アメリカにみるオーガニックユーザーの有機緑茶への需要拡大（需要要件）に応じた緑茶輸出戦略の実行は，日本国内の緑茶生産者および産地に対して有機緑茶の生産拡大への取り組みを刺激している，ということである。

　第3は，国内の有機緑茶の生産拡大は，必ずしも有機栽培それ自体を目的とする生産者の意志によって成し遂げられたものではなく，どちらかといえば，輸出業者が輸出に必要な製品確保のために，直営の有機茶園（A社）または契約取引（B社）によって生産部門を垂直的に統合することによって進められている一面がある，ということである。事例を見る限り，輸出向け有機緑茶のプロモーション活動において，自然循環機能の増進および環境への負荷の低減といった有機農業固有の価値のアピールはないがしろになっている。

　第4は，有機緑茶の輸出拡大に向けた取り組みが抱える不安材料も少なくないということである。とりわけ，近年のEU地域への有機緑茶の輸出量はその拡大に勢いを失っている。輸出先国・地域における日本茶需要の拡大によって，相対的に安価な他国産製品との競争をもたらす可能性が高まれば，有機緑茶が訴求すべき価値・価格の実現を維持した輸出拡大を期待し難くなる。さらに，政府が進めているインポートトレランスの申請が，EUなど残留農薬基準が厳しい国・地域に受け入れられ，その結果，非有機製品の輸出が容易となれば，次第に有機緑茶の輸出拡大に向けた関心や努力が薄まる可能性も否めないということは，その不安材料に該当するものである[注5]。

　緑茶は，2013年にユネスコ無形文化遺産に登録された「和食」の根幹を成している食品として注目され，政府が主導する農林水産物・食品の輸出促進戦略でも

重点品目に位置付けられ，海外市場の開拓のためにさまざまな努力が積み重ねられた。その結果，緑茶の輸出量および輸出額は著しい拡大を遂げている。

　有機緑茶は，日本茶が海外市場にアクセスする際に課される厳しい残留農薬基準をクリアするため，また，付加価値向上を狙った製品差別化のための重要な手段である。緑茶の生産者および産地に期待が高まったが，これが慣行茶園に対して有機生産への転換を促したといってよい。有機JAS認証の格付面積シェアが依然として0.2%（農林水産省 2021）と伸び悩んでいる中で，有機緑茶の輸出拡大のような新しい市場開拓・需要創出は，国内の有機農産物の生産拡大に大きく貢献しうるという見解が支持されるのではないかと考える。

　とはいうものの，農業の自然循環機能の増進および環境への負荷の低減，安全かつ良質な農産物に対する需要増大への対応を基本理念（第3条）とする「有機農業の推進に関する法律」（2006）に照らせば，有機緑茶の生産それ自体は，基本理念に忠実であるとも言い難く，輸出のための単なる手段になっている印象も拭えない。輸出先国・地域によるインポートトレランス申請の受け入れが加速化すれば，また，差別化製品としての有機緑茶が得る高い付加価値が縮小すれば，有機緑茶の生産への関心・意欲が減退するのではないかと推測する由縁である。有機緑茶の生産および輸出の推移は今後とも注意深く見守る必要がある。

注
1) 事例Aは，すでに李（2019）によって取り上げられ，ドイツの有機緑茶輸出に成功した事例として詳述されている。
2) 「日刊経済通信社」の調査によれば，1988年（1万8,000kl）から2006年（248万1,100kl）までに138倍の生産量増加を記録した。しかし，2007年（245万7,710kl）にはその拡大の勢いを失い，2020年は295万870klであり，1.2倍の増加にとどまっている。
3) 緑茶のHSコードはNo.0902.10（3kg以下直接包装したもの）100およびNo.0902.20（その他緑茶）100において粉末状の緑茶を区分している。
4) 日本茶輸出促進協議会（2017）では，アメリカにおいて日本の抹茶が主として大手カフェチェーンやアイスクリーム等の食品加工事業者に供給されている実態が明らかにされている。
5) Deutscher Tee & Kräutertee Verband e. V.「TEA REPORT 2020」p11によれば，ドイツの紅茶および緑茶の販売額に占める有機茶の割合は12%である。残りの88%は非有機茶であることを勘案すれば，残留農薬基準をクリアすれば，非有機茶の輸出拡大の可能性があることは否めない。

文献

Deutscher Tee & Kräutertee Verband e.V. (2020) TEA REPORT 2020.

李哉法 (2014)「オーガニックマーケットの実態と有機農産物」李哉法他編著『農業経営学の現代的眺望』日本経済評論社, p31-45.

李哉法 (2019)「ドイツへの緑茶輸出にみるチャネル戦略の重要性」福田晋編著『加工食品輸出の戦略的課題』筑波書房, p183-206.

李哉法・岩元泉 (2018)「欧州向け有機食品のサプライチェーンの特徴と意義」『食農資源経済論集』69 (2) 1-12.

李哉法・岩元泉・豊智行 (2013)「小売主導により進むイタリアの有機農産物マーケットの特徴：オープンマーケットが有機農業の成長に与える影響」『農業市場研究』22 (2) 11-21.

日本茶業中央会 (2021)「茶関係資料」.

日本茶輸出促進協議会 (2017)「米国における抹茶流通・消費者動向調査報告書」.

日本茶輸出促進協議会 (2018)「輸出用茶生産拡大への取り組み：平成27年〜29年度事業実施報告書」.

農林水産物・食品の輸出拡大のための輸入国規制への対応等に関する関係閣僚会議 (2020)「農林水産物・食品の輸出拡大実行戦略」.

農林水産省 (2020)「茶業及びお茶の文化の振興に関する基本方針」.

農林水産省 (2021)「有機農業をめぐる事情」.

第 **8** 章

認証制度によらない
有機農産物流通の動向分析

第8章 | 認証制度によらない有機農産物流通の動向分析

横田 茂永

　日本では，有機認証制度によらない有機農産物の流通が少なからず見られる。これまでのさまざまな経緯があり，それをめぐってさまざまな見解もある。ここでは，認証制度によらない有機農産物の生産・流通の概況を整理し，それに関わって近年の産消提携の動向と，CSA農場や参加型保証システム（PGS）の取り組みについて述べる。また，消費者アンケート調査を通じて，認証有機農産物，特別栽培農産物との複合的な関係の中で，認証制度によらない有機農業と消費者特性について検討する。

1. 認証制度によらない有機農産物の生産・流通の概略

(1) 非認証有機農産物の領域

　認証制度によらない有機農産物（以下「非認証有機」と記す）は，有機農業の推進に関する法律（以下「有機農業推進法」と記す）で定義する「有機農業」によって生産された農産物のうち，日本農林規格等に関する法律（以下「JAS法」と記す）で定義された有機農産物以外の部分とされている（図8-1）。

　ただし，有機農業推進法は他の農産物との明確な区分を示していないことから，非認証有機の範囲をどこまで含めるかという点は必ずしも明確ではない。それに関わる意見として，①検査認証を受けないこと以外は有機JAS規格を遵守すべきである，②移行期間や緩衝地帯の措置等については緩和すべきである，③日本の気候風土・社会条件等を考慮した別の基準が必要である，といった意見がある。また，認証有機のみでよく，非認証有機の農産物は含められない，といった意見もある。

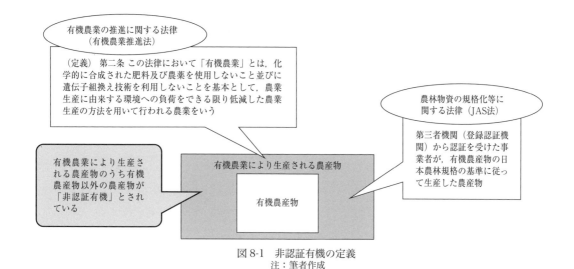

図 8-1　非認証有機の定義
注：筆者作成

（2）非認証有機農産物の生産・流通

　現状では，非認証有機農産物は前述の①，②を対象としていることが多いと考えられるが，いずれにしても有機JAS制度に則って認証されていないので「有機」と表示して販売することができない。そのため，「特別栽培農産物に係る表示ガイドライン」の節減表示で販売されるケースも多く見られ，対象農薬や化学肥料の栽培期間中不使用といった表示も使用されている。

　有機農業推進法には，有機農業により生産される農産物を他の農産物と区分するための手法を定めていないので，流通業者や消費者が独自に確認するか，県が任意で行う特別栽培農産物認証の仕組みを利用している場合もある。

　認証有機と非認証有機の農産物は，理念の違いから別々の経営によって生産されることも考えられるが，実際には同一の経営内において認証有機と非認証有機，さらには特別栽培農産物，慣行栽培農産物等が併存（並行生産）していることが少なからず見られる。ほとんどの有機農産物が認証を受けていて並行生産も限定的な諸外国と比べると対照的である。

　流通や加工事業者にも同様の事情がある。認証有機の取り扱いに特化しているのはビオマーケット，自然農法販売協同機構，光食品など一部の事業者である。専門流通事業体は，非認証有機を含む特別栽培農産物を取り扱っており，多くのスーパーマーケットや生協は慣行栽培農産物も含めて取り扱っている。

　産消提携のグループや専門流通事業体は，認証制度が導入される以前から独自の基準を設けた取り組みを行ってきた。それぞれ考え方に違いがあり，基準の内容も異なることがある。また，取り組みの単位も小規模といえる。そのような経

緯があるため，現在でも認証有機農産物だけでなく，非認証有機・特別栽培農産物を並行して取り扱っているケースが多い。

ただ，有機JAS制度の認知が進んだ今日では，有機JASマークを見れば，それだけで有機食品であることがわかる。消費者へのアピール力は高く，あらためて説明する必要も相対的には少なくなっている。プロモーション費用が抑えられ，十分とはいえないまでも価格プレミアも反映しやすい。その点で，認証有機農産物は消費者への販売上有利と考えられる。

さらに，このことは加工食品の場合により顕著となる。有機加工食品として認証されているか否か，原材料が有機認証されているか否か，という2段階の確認作業を伴うが，いずれにせよ認証されていない有機原材料を使っている加工食品は，加工食品の名称および原材料表示に「有機」を表示することはできない。農産物と比べて，加工食品では「認証有機」であることの消費者へのアピール力が断然大きいと見られる（図8-2）。

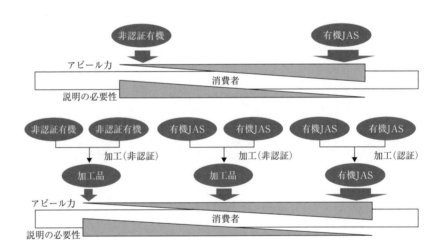

図8-2　消費者に対するアピール力と説明の必要性
注：筆者作成

(3) 非認証有機農産物の強み

以上のようなことにもかかわらず，なお非認証有機・特別栽培農産物が取り扱われるのはなぜであろうか。

まず推測されることは，これまで培われてきた認証以外のマーケティング力である。特定の生産者や流通・加工業者が持つブランド力は，有機食品等の購入者

の間ですでに定着している。これが有機JASマーク以上の信頼感を消費者にもたらしている可能性がある。さらに希少性や食味等の品質，鮮度，値ごろ感など，認証がなくてもそれを補うプラスの要素があり，それを説明する能力を生産者や流通・加工業者が備えているということがあるだろう。だからこそ，認証有機とは別に非認証有機・特別栽培農産物とその加工品の市場が形成されているのではないだろうか（図8-3）。

　食品安全に関する意識について，多くの消費者が必ずしも認証を必須と考えなければ，流通業者や加工業者が非認証有機農産物を取り扱う余地が残される。それだけでなく，CSAや産消提携，あるいは一部の食品流通・加工業者では，生産者への強い支援や結びつきなど，有機JAS制度とは異なる価値観を重視していることがある。

　認証有機の生産者も，農地の権利移動や，自然災害等による緊急防除，緩衝地帯における作物栽培等によって認証から外れてしまう場合がある。また，販路の変更などにより意図的に認証取得をやめることがある。そのような場合に，非認証有機・特別栽培農産物を取り扱う流通業者や加工業者の存在が，生産者の経営リスクを軽減しているという現実もある（図8-4）。

　また，オーサワジャパン，ムソー，創健社といった専門の卸問屋においても，認証有機製品の取扱割合は1〜4割程度であり，品目によってもバラつきがある。各社とも認証有機以外の独自基準を持っており，顧客が求めているものは認証のみではないとして，非認証有機製品についても独自に確認し取り扱っている。

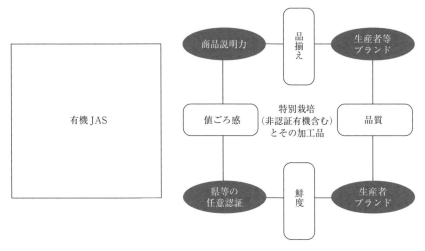

図8-3　非認証を補うマーケティング
注：筆者作成

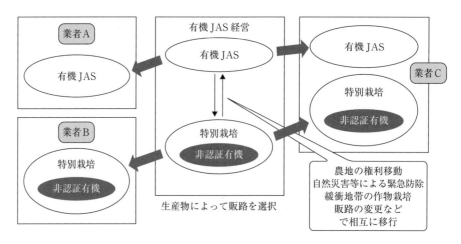

図8-4　有機JAS経営の販路
注：筆者作成

（4）非認証有機農産物を含めたカテゴリー化

　非認証有機農産物の一部は，特別栽培農産物等を取り扱う流通事業者によって販売されている。その場合でも認証有機と非認証有機の間は明確に区別されるが，販売方法としては認証有機と非認証有機の農産物を独自のカテゴリーによって販売する事業者が見られる。

東都生協の事例

　東都生協では，農産物の栽培区分表示を「東都みのり」「東都わかば」「東都めばえ」「産直」の4段階で取り扱っている。この中で，「東都みのり」を「有機JASの認定を受けた農産物，または化学合成農薬や化学肥料を使用せずに栽培した産直農産物」と定義しており，このカテゴリーに認証有機と非認証有機の農産物が含まれる。

　また「東都わかば」は「化学合成農薬または化学肥料をおおむね50％以上削減して栽培された産直農産物」，「東都めばえ」は「化学合成農薬，または化学肥料をおおむね30％以上削減して栽培された産直農産物」としている。「東都みのり」に該当しなくても，化学合成農薬や化学肥料の使用削減が段階的に評価される仕組みである。

坂ノ途中の事例

　2009年7月に設立された「株式会社坂ノ途中」は，原則として化学合成農薬

や化学肥料を使用しないで栽培された農産物を取り扱う方針をとっている。販路の内訳は、インターネットによる定期宅配が60％（おもに京阪、首都圏で70～80％）、スーパー等小売店への卸が25％、飲食店への卸が10％、自社店舗（京都と東京の2店舗）への卸が5％である。取扱品目は、野菜80％、米10％、その他10％で、野菜セットの定期宅配が主力である。また、定期宅配の利用者数は、2015年600～800世帯、2016年1,100世帯、2017年1,600世帯と順調に増加している（以上、2019年1月27日の聞取調査による。以下も同じ）。

　取り扱っている農産物は、9割以上が国産で、野菜の99％、米の100％、果物の50％が化学合成農薬・化学肥料を使用せずに栽培されたものである。このうち、有機JAS認証を受けているのは、米と野菜では30～40％、果樹では20％となっている。非認証有機の割合が大きいが、消費者は必ずしも認証を求めているわけではなく、販売上での問題はない。ただし、消費者からの評価は大切にしており、セット野菜であるが、野菜ごとに生産者がわかるようになっている。作物単位で生産者の適正、品質がお客さんに伝わるからである。

　坂ノ途中に出荷している生産者は約200戸である。その9割は新規就農者で、コンスタントに増加しているという。このような小規模な生産者、新規就農者は認証取得が困難であることが、認証を必須にしない理由の一つである。ただし、生産者に栽培記録を義務付けており、定期的な提出は義務付けではないものの、量販店からの要求があれば提出できるようにしている。その他、有機種苗、転換期間、緩衝地帯・境界措置等については、あまり厳しくしていないが、生産者側がむしろ厳しい対応をしている。

2. 産消提携の変遷

（1）産消提携の変遷とCSA

　認証制度によらない有機農産物流通の典型が産消提携やCSA（地域が支える農業 Community Supported Agriculture）である。

　産消提携については、日本有機農業研究会（1978）が「生産者と消費者の提携の方法」を発表しており、その中に示された①相互扶助の精神、②計画的な生産、③全量引取、④互恵に基づく価格の取り決め、⑤相互理解の努力、⑥自主的な配送、⑦会の民主的な運営、⑧学習活動の重視、⑨適正規模の保持、⑩理想に向かって漸進、が提携10原則と呼ばれている。一楽照雄が、当時の実践報告から産消提携のあり方としてまとめたものである。

　提携10原則のポイントは、はじめの ①相互扶助の精神において「生産者と消

費者の提携の本質は，物の売り買い関係ではなく，人と人との友好的付き合い関係である。すなわち両者は対等の立場で，互いに相手を理解し，相扶け合う関係である。それは生産者，消費者としての生活の見直しに基づかねばならない」とその精神的支柱を示していることと，最後の⑩理想に向かって漸進では「生産者および消費者ともに，多くの場合，以上のような理想的な条件で発足することは困難であるので，現状は不十分な状態であっても，見込みある相手を選び発足後逐次相ともに前進向上するよう努力し続けることが肝要である」として，努力目標を示したことにある。

　その後，産消提携の具体的内容に関わる計画生産，全量引取などの具体的内容が示されるものの，これらの原則をすべて備えていなければ産消提携と呼べないというような規定をしているわけではない。

　他方，世界各地で広がっていると言われているCSAであるが，国際組織「URGENCI」が，4つの原則を示している。それは，①共同 (Partnership)，②地域 (Local)，③連帯 (Solidarity)，④生産者と消費者の直接的つながり (The producer/consumer tandem)，である。日本の産消提携は，最も古い取り組みの一つに位置付けられているが，世界各地のCSAと呼ばれている取り組みは多様であり，同一の起源を持つわけでもない。波夛野 (2019) は，大きな枠組みの中でそれぞれの相違を比較研究すべきであるとしている。しかしながら，それはまた実態としての産消提携，CSAの範囲の不明瞭さを示すものでもあり，他の活動との境界線を客観的に判断するのが難しいことを意味する。そのため，これらの取り組みを数量的に把握することも難しい。

　ところで，高度経済成長期から1980年代にかけては，生協の共同購入運動が盛んになった時期である。いわゆる専業主婦層の存在は大きく，ボランタリーな活動に支えられて展開した。産消提携の取り組みもまた同様であったと考えられる。それ以外にも，農薬・化学肥料を使用していない農産物の入手が限られていたこと，農業・食品安全等に関する学習の機会がほかにあまりなかったこと等も産消提携や生協活動の背景となっていた (図8-5)。産消提携は，食品の安全志向，農業志向，社会志向等の運動の受け皿の役割も担っていたといえる。

　その後，女性の社会進出が進むにしたがい，専業主婦層のボランタリーな活動に依拠した取り組みは難しくなる。専門流通事業体の事業拡大や，認証制度の施行を契機にさまざまな事業者が参入することで，その傾向はより強まった。現在では，パソコン・スマートフォン等の情報・通信手段の発展により，生産者と消費者の関係構築の機会や手段は大きく変質していると考えられ，さまざまな展開可能性があると言える。産消提携でも宅配業者を利用した個配が広がったり，小

規模経営の農業者が宅配サービスを積極活用している例が見られる。

　生産者と消費者の関係性の変化を捉えることは難しいが，代表的な取り組みから考察することは可能である（横田 2020a）。以下では，産消提携の事例として神奈川県藤沢市にある「相原農場」と「食生活研究会」について，また CSA 農場の事例として神奈川県大和市にある「なないろ畑」について見ることにする。

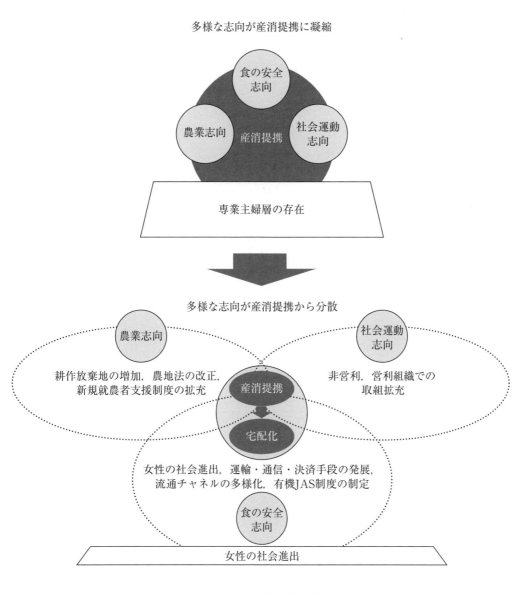

図 8-5　産消提携の状況変化
注：筆者作成

相原農場と食生活研究会

　神奈川県藤沢市にある相原農場と食生活研究会の産消提携は1980年に始まる。初期の頃は，全量引取のほか，不分別共同購入方式，事務所の手伝い（月3回）もしくは援農の義務付け，ボランティアができない場合は金銭負担をするシステムをとっていた。1980年代末から1993年までの間が，食生活研究会の野菜購入者が最も多かった時期で約120軒まで増加した。

　しかし1990年代後半から，会員の家庭事情（子供の独立，高齢化，死別等による単身化）に合わせて，大小の量・規格分け，個配を開始し，2000年代に入ると個配はさらに急激に進むことになる。援農参加者も並行して減少し，1990年代末にほとんどいなくなったという。

　以上のような変化に代わり，食生活研究会の会員以外の消費者・外食業者への宅配が増加し，直売所や商業施設への出荷が始まる。援農はなくなったが，農業研修の希望者が増加し，2019年末までに長期研修者のうち52人が就農している。一方で，食生活研究会の活動も変化し，1991年から会員外の人々への加工食品・生鮮食品販売を目的とした店舗運営を開始している。

　食の安全志向を持った消費者は個配で，農業志向の人は研修という形で有機農家とつながっており，食生活研究会の社会運動を志向する人たちも店舗を中心に独自の活動等を展開しており，図8-5で示した構図が体現されている。

　なお相原農場では，食生活研究会の会員とは別の5世帯のグループと，また小規模な外食店舗とその客で形成する2つのグループと共同購入の取り組みを新規に始めている。若い世代の消費者や新たな販路が加わってきているのである。

CSA農場「なないろ畑」

　日本国内でも「CSA」と称する取り組みが2000年代に見られるようになる。神奈川県にあるCSA農場「なないろ畑」は，2006年頃から活動を開始し，2010年に農業生産法人になっている。当初は会員制の野菜セット販売を行っていた。また，会員ボランティアによる野菜セットの仕分け，出荷，圃場作業（収穫等），直売所での野菜販売等の援農作業をしてもらう仕組みであった。

　しかし，購入するだけで援農や集会に参加しない会員も増加していたことから，2018年に消費者会員自身が農作業を行い，農作物の処分にも責任を持つコミュニティファームに転換する。約80人だった会員は，積極的に援農に参加していた40人に絞り込まれることになる。

　コミュニティファームの取り組みは，農業をめぐる社会環境の変化や農地制度の改正等を背景として，産消提携やCSAという概念に収まらない生産者と消費

者の関係性の変化を示している。かつてのように消費者が援農や全量引取で生産者を支えるということにとどまらず，消費者が生産者になることも可能になったのである。さまざまな選択肢が広がることで，産消提携の核の部分が質的にそのバリエーションを広げている。1990年代から現在に至る中で，生産者と消費者が結びついた取り組みは，小規模ではあるが脈々と続いている。

(2) 参加型保証システム (PGS) の可能性

　産消提携やCSAでは，生産方法や生産状況の確認について，第三者による認証制度のような形式は必須ではなく，生産者と消費者が何らかの形で合意し，納得できていればよい。しかし，非認証有機を第三者販売する場合，第一者認証（いわゆる自称）ということになってしまう。生協等では，第三者認証ではないが，より客観性，透明性を高めるため，生産者と消費者（生協組合員，職員）が一緒になって行う現地検査（公開監査制度等と呼ばれる）を実施している例がある。第二者認証の保証システムである。

　以上のように，非認証有機をいかに客観的に保証できるようにするかは一つの課題であった。その新たな可能性として，IFOAM（国際有機農業運動連盟）が提唱しているのが「Participatory Guarantee Systems: PGS」（参加型保証システム）である。PGSは，第三者認証と異なり，有機農業を実践する生産者自身および地域の利害関係者（ステークホルダー）が参加して，有機基準を満たしていることを確認し，保証する仕組みである。

　IFOAMは「IFOAM PGS認定プログラム」を策定しており，それに則って，申請のあった各国・地域のPGSプログラムの認定（accreditation）を行っている。PGSに取り組む組織は，IFOAMに加入し，その生産基準や手続きがIFOAM基準（IFOAM Family of Standards）に適合しているか審査を受ける必要がある。審査に合格して認定されたPGSは，「IFOAM PGS」のロゴマークをWebサイトやパンフレット等に使用することが許可される。ただし，製品に直接表示することはできない。

　日本では，2019年に岩手県の「オーガニック雫石」がIFOAM PGS認定を取得している。有機JAS規格を土台とした基準を使用し，年1回の農場調査，非定期の農場調査を行うほか，ステークホルダーを含めて講習会・研修会等に参加することとしており，有機農業の知識を向上させている。単に基準をクリアしていることを確認するだけでなく，各生産者の有機農業のレベルアップを目指したものとなっている（横田 2020b）。

　しかしながら，現在はまだ生産者の規模が小さく，有機表示もできないため，

地域内流通が中心である。価格も一部を除けば他の農産物と同程度という状況である。PGSについて，谷口（2015）は，第三者認証に比べて取り組みのハードルは低いものの，第三者認証が法制度化されている先進国等では有機表示ができないことを課題として指摘しているが，まさにそのような状況となっている。

IFOAM認定を受けたことは，一部の専門家や行政から注目されているものの消費者へのアピール力は低いと考えられる。しかも，その一方で，PGSの構築・運営には，高い能力を有した生産者およびステークホルダーの存在が不可欠であり，第三者認証とはまた異なったハードルが存在する。

オーガニック雫石は，そのハードルを越えることができたが，認定取得のメリットを必ずしも多く期待できていない現状があるという。今まで以上に取り組みを広めることは容易でない。PGSのメリットと，PGS構築後の運営については，さらに検討が必要である。なお，PGSの効果として，生産者同士の知識の共有や有機農業のレベルアップを目指すという点は重要である。第三者認証との違いであり，PGSを生産振興策の一環として取り入れるという視点はありうるだろう。

3. 有機食品と非認証有機食品等に対する消費者意識

（1）消費者アンケート調査の概要

日本の有機食品市場に関する調査は，第4章，第5章においてすでに詳述されている。ただし，実際の生産，流通の局面においては，有機認証された農産物・食品のほかに，非認証有機，特別栽培農産物等が複合的に取り扱われている実態がある。そこで，認証有機，非認証有機，特別栽培農産物の購入・消費についても総合的に把握することを目的として，Webアンケート調査（調査名：有機食品等の購入状況および食品の安全・環境問題に関する意識調査）を実施した。

Webアンケート調査は，株式会社インテージに調査画面の作成および配信・回収を依頼し，2021年2月8日（月）から10日（水）にかけて，株式会社インテージの登録会員を対象としてスクリーニング調査と本調査を一体的に実施した。

アンケート調査に際しては，制度上の正確な用語では消費者にうまく伝わらないことがある。とくに「特別栽培農産物」については，消費者の認知度が低いことから，ここでは「無農薬等の食品」という表現を用いている。「特別栽培農産物に係る表示ガイドライン」では，「無農薬」や「減農薬」という言葉は使われないことになっているが，消費者にとって理解しやすいのは，現在も「無農薬」や「減農薬」という表現だからである。

また，スクリーニング調査では，有機食品の購入頻度によって回答者を絞り込

んでいる。単発の調査では，購入数量を明確に回答してもらうことは難しく，消費者にとって感覚的に最も回答しやすいのは購入頻度と考えるからである。

　また，「有機食品」については，消費者にわかりやすいように簡略な説明として「有機JASマークを付けて名称に有機・オーガニックと表示されている食品・飲料。もしくは名称に有機・オーガニックと表示されている酒類」と表記した。また「無農薬等の食品」については，前述した通り「無農薬・無化学肥料・農薬不使用・化学肥料不使用・減農薬・減化学肥料など農薬や化学肥料を使っていないあるいは減らしている趣旨の表示がある食品」と表記した。

　上記の結果，スクリーニング調査で得られた回答は31,283名である。このうち，有機食品を「ほぼ毎日」購入しているのは1.0%，「週に4～5回程度」は0.9%，「週に2～3回程度」は3.8%，「週に1回程度」は7.4%，「月に1回程度」は6.2%，「月に1回未満」は10.0%であった。有機食品の購入経験者は合わせると約3割であった。また，「有機食品ではないが，無農薬等の食品を購入したことがある」が17.0%，「有機食品も無農薬等の食品も購入していない」が53.9%であった。

　以上の回答の中から，有機食品も無農薬等の食品も購入していない回答者「53.9%」は除外し，残りから有機食品の購入頻度が週1回以上の回答者を優先し，性別が半々（男性48.5%，女性51.5%），需要が集中していると考えられる首都圏（東京，神奈川，埼玉，千葉）とその他の地域が半々（首都圏49.7%，その他50.3%）になるようにサンプルを抽出している（n=1,059）。抽出したサンプルは，母集団に比べると相対的に有機食品の購入頻度が高い層という傾向になる。

（2）有機食品等の消費者層

有機食品等の購入割合

　上記を経て実施した本調査では，「有機食品」「無農薬等の食品」「その他の一般食品」の1ヵ月の食費に占める購入割合を尋ねている。選択肢を統合して集計したところ，その構成比は「有機食品」の割合が高い層が3割程度，「無農薬等の食品」の購入割合が高い層が1割強，購入割合に大差がない層が1割弱，「一般食品」の購入割合が高い層が5割となっている。

有機食品等の購入頻度

　有機食品等の購入頻度との関係では，「有機食品」の購入割合が高い層，「無農薬等の食品」の購入割合が高い層の多くが，「有機食品を週1回以上購入」している層に含まれている（表8-1）。「有機食品」の購入割合が高い層，「無農薬等の食品」の購入割合が高い層ともに「週2～3回程度購入」のところで最も多くなるが，

「有機食品」の購入割合が高い層は「週2～3回以上」、「無農薬等の食品」の購入割合が高い層は「週2～3回以下」の比率が高い。「ほとんど有機食品しか購入しない」層では、「ほぼ毎日購入」しているという回答者が5割を超えているのが特徴的である。

その一方で、「一般食品」の購入割合が高い層は、「月1回程度以下」に過半が含まれており、「週2～3回以下」までにほとんどが入る。購入頻度から考えると「無農薬等の食品」の購入割合が高い層は、有機食品の購入金額・量ともに「有機食品」の購入割合が高い層とも「一般食品」の購入割合が高い層とも区別できるのではないかと考えられる。特別栽培農産物を主とした消費者層は、有機食品購入の中間層という側面がある。

表8-1　有機食品等の購入頻度

消費者層		有機食品をほぼ毎日購入している	週に4～5回程度購入している	週に2～3回程度購入している	週に1回程度購入している	月に1回程度購入している	月に1回未満しか購入していない	有機食品ではないが、無農薬等の食品を購入したことがある	小計
有機食品の購入割合が高い		17.7%	20.5%	40.6%	17.7%	1.0%	1.0%	1.4%	100.0%
	ほとんど有機食品しか購入しない	53.1%	10.2%	18.4%	8.2%	0.0%	6.1%	4.1%	100.0%
無農薬等の食品の購入割合が高い		4.6%	7.7%	39.2%	35.4%	5.4%	1.5%	6.2%	100.0%
割合に大差がない		7.8%	2.9%	12.7%	17.6%	5.9%	13.7%	39.2%	100.0%
一般食品の購入割合が高い		2.4%	0.9%	14.1%	22.3%	13.5%	18.7%	28.0%	100.0%
合計		7.4%	7.3%	24.3%	22.2%	8.4%	11.3%	19.2%	100.0%

有機食品等の購入場所

購入場所に関する回答は、全体として「スーパーマーケット」の回答が多く、「有機食品」で8割以上、「無農薬等の食品」で7割以上と圧倒的な割合を占めている（表8-2、表8-3）。このような傾向は、農林水産省（2019）をはじめとする既存の調査結果とも同様である。

「無農薬等の食品」の購入場所は、スーパーマーケット以外についても全般的に有機食品に比べて低い傾向にある。ただ、消費者の2～3割はスーパーマーケット以外をおもな購入場所にしており、「専門流通」「生協」「農業者から直接」といった旧来からのルートを主としている層が現在も一定数存在していると考えら

表 8-2 「有機食品」の購入場所

消費者層	スーパーマーケット	一般の小売店（八百屋など）	一般のインターネット通販	百貨店（デパート）	コンビニエンスストア	ホームセンター	ドラッグストア	直売所	特設市場（マルシェ）
有機食品の購入割合が高い	84.4%	24.0%	18.4%	12.5%	10.4%	5.9%	8.3%	13.9%	6.9%
ほとんど有機食品しか購入しない	81.6%	36.7%	24.5%	14.3%	20.4%	14.3%	14.3%	10.2%	8.2%
無農薬等の食品の購入割合が高い	78.5%	18.5%	9.2%	10.8%	3.8%	0.8%	3.8%	21.5%	8.5%
割合に大差がない	88.2%	14.7%	7.8%	11.8%	7.8%	4.9%	5.9%	22.5%	6.9%
一般食品の購入割合が高い	86.6%	9.8%	3.5%	6.5%	5.9%	3.3%	6.1%	15.8%	5.2%
合計	85.2%	15.2%	8.7%	9.2%	7.1%	3.9%	6.4%	16.6%	6.2%

消費者層	有機食品等専門小売店自然食品店（単独店）	有機食品等専門小売店自然食品店（インショップ）	有機食品等専門小売店(Web宅配)	生協店舗	生協の宅配（共同購入・個配）	生産者から直接（引取・配達・宅配等）	その他	購入していない	小計（回答者数）
有機食品の購入割合が高い	25.0%	17.4%	10.8%	16.0%	15.6%	8.3%	0.7%	0.0%	100.0%
ほとんど有機食品しか購入しない	36.7%	24.5%	20.4%	18.4%	12.2%	16.3%	0.0%	0.0%	100.0%
無農薬等の食品の購入割合が高い	16.9%	10.0%	4.6%	17.7%	18.5%	7.7%	0.8%	0.8%	100.0%
割合に大差がない	8.8%	8.8%	3.9%	18.6%	19.6%	5.9%	1.0%	0.0%	100.0%
一般食品の購入割合が高い	8.9%	7.6%	1.3%	7.2%	13.7%	2.2%	0.7%	3.0%	100.0%
合計	14.3%	10.7%	4.5%	12.0%	15.4%	4.9%	0.8%	1.6%	100.0%

表 8-3 「無農薬等の食品」の購入場所

消費者層	スーパーマーケット	一般の小売店（八百屋など）	一般のインターネット通販	百貨店（デパート）	コンビニエンスストア	ホームセンター	ドラッグストア	直売所	特設市場（マルシェ）
有機食品の購入割合が高い	71.2%	23.3%	12.2%	11.1%	9.0%	5.6%	8.7%	14.9%	8.7%
ほとんど有機食品しか購入しない	57.1%	24.5%	16.3%	12.2%	16.3%	14.3%	22.4%	10.2%	16.3%
無農薬等の食品の購入割合が高い	66.2%	15.4%	6.2%	8.5%	1.5%	1.5%	0.8%	24.6%	7.7%
割合に大差がない	79.4%	14.7%	5.9%	9.8%	4.9%	3.9%	4.9%	24.5%	7.8%
一般食品の購入割合が高い	73.8%	8.9%	3.5%	5.4%	2.2%	1.5%	3.3%	17.1%	6.3%
合計	72.7%	14.2%	6.4%	7.7%	4.2%	2.8%	4.6%	18.1%	7.3%

消費者層	有機食品等専門小売店自然食品店（単独店）	有機食品等専門小売店自然食品店（インショップ）	有機食品等専門小売店（Web宅配）	生協店舗	生協の宅配（共同購入・個配）	生産者から直接（引取・配達・宅配等）	その他	購入していない	小計（回答者数）
有機食品の購入割合が高い	22.9%	14.6%	11.1%	15.3%	14.2%	7.3%	1.0%	1.0%	100.0%
ほとんど有機食品しか購入しない	28.6%	18.4%	16.3%	28.6%	18.4%	12.2%	0.0%	6.1%	100.0%
無農薬等の食品の購入割合が高い	13.1%	10.0%	4.6%	16.9%	15.4%	11.5%	0.8%	0.8%	100.0%
購入割合に大差がない	8.8%	10.8%	3.9%	15.7%	16.7%	8.8%	2.0%	2.9%	100.0%
一般食品の購入割合が高い	9.1%	6.5%	1.9%	7.8%	12.6%	3.9%	1.1%	4.6%	100.0%
合計	13.3%	9.5%	4.9%	11.7%	13.8%	6.2%	1.1%	3.0%	100.0%

れる。

　「有機食品」や「無農薬等の食品」の購入割合が高い層は，当然ながら「一般食品」の購入割合が高い層と比較して，「有機食品等専門の小売店」や「生協」など別のチャネルの回答が多い。また，全体として7割以上が同じ場所で購入すると回答しており，スーパーマーケットで同時に購入するケースが多い（ワンストップショッピングの傾向）ということである（表8-4）。

表8-4　「有機食品」「無農薬等の食品」「一般食品」を同じ場所で購入しているか

消費者層		同じ場所で一緒に購入することが多い	すべて別々の場所で購入することが多い	有機食品のみ別の場所（他2つは同じ場所）で購入することが多い	無農薬等の食品のみ別の場所（他2つは同じ場所）で購入することが多い	一般食品のみ別の場所（他2つは同じ場所）で購入することが多い	その他	小計（回答者数）
有機食品の購入割合が高い		68.4%	19.4%	6.3%	3.8%	2.1%	0.0%	100.0%
	ほとんど有機食品しか購入しない	71.4%	18.4%	6.1%	4.1%	0.0%	0.0%	100.0%
無農薬等の食品の購入割合が高い		68.5%	13.1%	7.7%	6.2%	4.6%	0.0%	100.0%
割合に大差がない		78.4%	7.8%	2.0%	1.0%	7.8%	2.9%	100.0%
一般食品の購入割合が高い		77.6%	11.9%	2.2%	3.2%	5.2%	0.0%	100.0%
合計		74.0%	13.7%	4.0%	3.5%	4.5%	0.3%	100.0%

（3）非認証有機・特別栽培農産物の購入理由

　「無農薬等の食品」（非認証有機農産物や特別栽培農産物が含まれる）について「購入する理由」を尋ねた。

　まず「有機食品」の購入割合が高い層では，「購入できる価格帯で販売しているから」，「品揃えの幅が有機食品よりも広いから」，「鮮度がよい場合があるから」，「有機食品でなくても農薬・化学肥料の使用を減らしていることが大事だから」，「有機食品だからといって信用できないから」，「伝統的な製法等つくり方へのこだわりがあるものが含まれているから」など多くの項目で，「一般食品」の購入割

合が高い層や，「無農薬等の食品」の購入割合が高い層に比較して回答割合が高かった（表8-5）。

　有機食品のヘビーユーザーほど，認証だけでなく他の要素にも強い関心を持っている傾向があると考えられる。逆に「無農薬等の食品」の購入割合が高い層では，国産や地元産への回答割合が高く，地産地消の意識が強い傾向にある。

　また，「有機食品」の購入割合が高い層では「品揃えの幅が有機食品よりも広いから」という回答が多く，有機食品の消費を伸ばすためには，量だけでなく品目的にも広がりをもたせなければならないことがわかる。

表8-5　「無農薬等の食品」を購入する理由

消費者層	購入できる価格帯で販売しているから	品揃えの幅が有機食品よりも広いから	鮮度がよい場合があるから	有機食品でなくても農薬・化学肥料の使用を減らしていることが大事だから	信用できないから	有機食品だからといって品質的によいものがあるから	伝統的な製法などつくり方へのこだわりがあるものが含まれているから	生産者や生産方法などの情報が提供されているから	国産のものであったから	地元産・地元原材料の商品だったから	信頼している会社・店舗で販売されているから	有機食品等にも強いこだわりはなくたまたま購入しただけ	その他	小計（回答者数）
有機食品の購入割合が高い	52.3%	35.8%	47.4%	34.7%	14.0%	36.5%	13.3%	22.8%	36.1%	24.6%	17.2%	6.3%	0.7%	100.0%
ほとんど有機食品しか購入しない	65.2%	39.1%	50.0%	30.4%	30.4%	32.6%	21.7%	23.9%	30.4%	19.6%	21.7%	10.9%	0.0%	100.0%
無農薬等の食品の購入割合が高い	40.3%	18.6%	40.3%	31.0%	3.9%	37.2%	9.3%	25.6%	40.3%	29.5%	10.9%	0.8%	0.0%	100.0%
割合に大差がない	32.3%	9.1%	30.3%	23.2%	6.1%	27.3%	8.1%	23.2%	33.3%	32.3%	12.1%	27.3%	1.0%	100.0%
一般食品の購入割合が高い	39.3%	8.8%	28.6%	20.6%	3.9%	29.2%	3.9%	20.8%	37.2%	23.3%	9.1%	11.5%	0.2%	100.0%
合計	42.4%	17.5%	35.4%	26.1%	6.9%	32.0%	7.6%	22.2%	36.9%	25.3%	11.9%	10.2%	0.4%	100.0%

（4）各消費者層の特徴

　有機食品や無農薬等の食品を購入する際に気をつけていることについて質問したところ，「有機食品」の購入割合が高い層では「有機JASマーク」の回答が5割超であり，「一般食品」の購入割合が高い層や「無農薬等の食品」の購入割合が高い層に比べて圧倒的に多かった。また，特別栽培の表示についても同様の傾向があり，これらの表示に対する関心が高いことがわかった（表8-6）。

　逆に，「国産であること」を確認するという回答は，「無農薬等の食品」の購入割合が高い層や「一般食品」の購入割合が高い層において「有機食品」の購入割合が高い層よりも多くなっている。また，「信用している生産者から購入する」「信用している会社・店舗から購入する」についても，「無農薬等の食品」の購入割合が高い層でやや多い傾向がある。

　食品を購入する際に気をつけていることについては，2つまでの選択ということで，1つは「価格」を想定し，もう1つは何を選ぶかということについても注目した。価格以外では，「鮮度・賞味期限」「安全性」の回答が多く，すべての消費者層に共通していた。また，「鮮度・賞味期限」の回答割合は全体を通じて「価格」「安全性」よりも高い割合を示していた。相対的に安全性に対する意識が高い消

表8-6　有機食品や無農薬等の食品を購入するときに気をつけていること

消費者層	有機JASマークが貼ってあることを確認する	特別栽培農産物表示があることを確認する	有機JASマーク／特別栽培農産物表示以外の食品表示を確認する	国産であることを確認する	信用している生産者から購入する	信用している会社・店舗から購入する	自分で直接生産方法を確認する	インターネットなどを使用して食品の情報を確認する	とくに細かいことは気にしていない	その他	小計（回答者数）
有機食品の購入割合が高い	54.2%	24.3%	14.9%	45.1%	12.8%	10.8%	2.8%	1.0%	5.2%	0.0%	100.0%
ほとんど有機食品しか購入しない	63.3%	36.7%	14.3%	20.4%	12.2%	4.1%	2.0%	2.0%	8.2%	0.0%	100.0%
無農薬等の食品の購入割合が高い	29.2%	17.7%	16.2%	61.5%	18.5%	18.5%	3.1%	3.8%	2.3%	0.0%	100.0%
割合に大差がない	28.4%	11.8%	5.9%	42.2%	11.8%	11.8%	0.0%	1.0%	30.4%	0.0%	100.0%
一般食品の購入割合が高い	27.5%	8.9%	5.2%	51.4%	11.1%	16.1%	1.1%	1.3%	27.1%	0.2%	100.0%
合計	35.0%	14.4%	9.3%	50.0%	12.6%	14.5%	1.7%	1.5%	18.4%	0.1%	100.0%

費者を対象としたアンケート調査にもかかわらず，このような結果であるということは，日本の消費者が「鮮度・賞味期限」にきわめて強い嗜好性を持っているということである（表8-7）。なお，「有機食品」の購入割合が高い層では，「価格」を気にするという回答が少なくないことも注目される。有機食品を食生活の中心にすればするほど，「価格」にも関心を払わざるをえないということであろうか。

表8-7　食品を購入するときに気をつけていること

消費者層	価格	鮮度・賞味期限	安全性	食味・香などの品質	環境保全に寄与しているか	家畜福祉	その他	小計（回答者数）
有機食品の購入割合が高い	43.1%	69.8%	53.8%	12.5%	4.2%	1.4%	0.3%	100.0%
ほとんど有機食品しか購入しない	57.1%	71.4%	20.4%	14.3%	6.1%	4.1%	0.0%	100.0%
無農薬等の食品の購入割合が高い	33.1%	72.3%	62.3%	13.1%	3.8%	0.8%	0.8%	100.0%
割合に大差がない	64.7%	67.6%	41.2%	6.9%	1.0%	2.0%	1.0%	100.0%
一般食品の購入割合が高い	58.8%	74.2%	43.0%	8.2%	1.9%	0.4%	0.7%	100.0%
合計	51.9%	72.1%	48.2%	9.8%	2.6%	0.8%	0.7%	100.0%

4. 想定される非認証有機の今後

　以上，有機認証制度によらない有機農産物の生産・流通について，産消提携やCSA，PGS等の事例調査と，消費者Webアンケート調査により，「非認証有機」に関する現状の一部を明らかにできたのではないかと考える。

　いまいちど，消費者アンケート調査の結果概要について整理しておきたい。

　事前の想定では，「有機食品」の購入割合が高い層および「無農薬等の食品」の購入割合が高い層では，野菜セット等まとまった形の購入も多いことから購入頻度は必ずしも高くないのではないかと想定していた。しかし，実際は「週2〜3回程度」がピークとなっており，スーパーマーケットでのワンストップショッピングの傾向とも相まって，想定よりも購入頻度は高かった。

購入場所については，「有機食品」の購入割合が高い層や「無農薬等の食品」の購入割合が高い層では，有機食品等は専門小売店や生協で購入し，一般食品はスーパーマーケットで購入するという使い分けを想定していたが，そのような消費者は2〜3割程度で，スーパーマーケットでのワンストップショッピングが主流になっていた。また，食品の購入時に気をつけていることは，「価格」や「安全性」よりも，「鮮度・賞味期限」が最も高い割合を示していた。有機食品や無農薬等の食品であっても，日本人の買い物慣習からは逃れられないことがわかった。

また，産消提携・CSAの可能性であるが，消費者アンケート調査では産消提携活動への参加条件，参加理由，その可能性についても尋ねている（調査結果のこの部分は本書で割愛している）。その結果，「有機食品の購入割合の高い層」では，農産物の品質や価格以外の要素についての回答割合も高く，就農や社会問題への対応についても積極的な姿勢が見られた。かつての産消提携の参加者について定量的に把握することはできないが，このような農業志向，社会問題での積極的な活動志向の強い人たちがコアな部分を形成していたのではないかと考えられる。前述したように，そのような消費者層は「有機食品」の購入割合が高い層に多く，認証有機食品市場の消費者と産消提携・CSA等の非認証有機市場の消費者には，重なりが見られることから2つの市場は両立して発展できるのではないかと考えられる。

文献

波夛野豪 (2019)「CSAの原型・スイスと日本のTEIKEI原則」波夛野豪・唐崎卓也『分かち合う農業CSA』創森社.

日本有機農業研究会 (1978)「生産者と消費者の提携の方法」.

農林水産省大臣官房統計部 (2019)「有機食品等の消費状況に関する意向調査」（令和元年度食料・農林水産業・農山漁村に関する意向調査）.

谷口葉子 (2015)「参加型保証システム (PGS) の仕組みと現状」『自然と農業』20 (1).

食品規格表示研究会 (1994)『JAS新時代：改正JAS法の解説』.

横田茂永 (2020a)「有機農業における地域の生産者と消費者の関係変化：神奈川県内でのCSAと産消提携の取り組みから」小田滋晃・横田茂永・川崎訓昭『地域を支える「農企業」』昭和堂.

横田茂永 (2020b)「地域に焦点を当てた有機農産物認証システム：日本における参加型認証制度普及の可能性」小田滋晃・横田茂永・川崎訓昭『地域を支える「農企業」』昭和堂.

欧州諸国にみる
有機農業成長戦略

第9章 欧州諸国にみる有機農業成長戦略

大山 利男

1. はじめに

欧州諸国の有機農業にとって，2020年は「新型コロナウイルス危機」と「Farm to Fork戦略」の2つの点において特別な年になった。前者は，もちろんマイナスの影響が甚大であるが，他方で，有機事業者にプラスの効果も大きかったという評価が少なくない (Trávníček et al. 2021)。消費者の生活スタイルや購買行動の大きな変容は，有機食品に対する需要を増大させて市場の急成長をもたらしたからである。都市封鎖により外食サービス利用は激減したが，自宅での料理機会が増えたことにより有機食品への関心が高まった。有機農産物・有機食品の「オンライン注文・宅配」利用者の急増は，イギリスで普及していたボックス・スキームのような有機農産物の購入スタイルの利用を加速させることになった。このような生活スタイルや購買行動が今後も続けば，有機食品市場はもうしばらく高い成長率が続くと予想されている (Soil Association 2021)。

後者の「Farm to Fork戦略」（以下 F2F戦略と記す）もまた，有機農業の発展を大きく後押しするプラス要因である。F2F戦略は，2030年までに農地の25％を有機農地に転換するという目標が大いに関心を集めた。とは言え，このような目標設定は必ずしも唐突だったわけではなく，これまでにさまざまなレベルでの目標設定がなされてきたことも事実である。表9-1は，有機農業アクションプランを設定している国の一覧である。数値目標を設定していない国も一部あるが，2010年代前半からすでに農政の柱に有機農業を位置付けていた国があったことがわかる。

表9-2は，数値目標を設定している国について，現状の有機農地面積と，2008年から2018年にかけての変化，そして政策目標とされた目標値・目標年を示し

表 9-1　欧州各国の有機農業アクションプラン

アクションプラン，目標年，有機シェア目標（%）

EU	Farm to Fork Strategy（2020〜2030年，25%）
ドイツ	Zukunftsstrategie ökologischer Landbau（2019〜2030年，20%）
チェコ	Czech Action plan for development of organic farming 2016–2020（2016〜2020年，15%）
デンマーク	Organic Action Plan for Denmark Working together for more organics（2015〜2020年，12%）
フィンランド	MORE ORGANIC!（2013〜2020年，20%） Government development programme for the organic product sector and objectives to 2020
フランス	PROGRAMME: AMBITION BIO 2022（2017〜2022年，15%）
ギリシャ	REVIEW OF ORGANIC FOOD SECTOR AND STRATEGY FOR ITS DEVELOPMENT 2019–2025 （2019〜2025年）
ポーランド	Ramowy Plan Działań dla Żywności i Rolnictwa Ekologicznego w Polsce na lata 2014–2020 （2014〜2020年）
エストニア	ESTONIAN ORGANIC FARMING DEVELOPMENT PLAN 2014–2020（2014〜2020年，18%）
オーストリア	AKTIONSPROGRAMM BIOLOGISCHE LANDWIRTSCHAFT 2015–2020（2015〜2020年，30%）

注：チューネン研究所HPより抜粋，作成
　　https://www.thuenen.de/de/thema/oekologischer-landbau/zukunftsstrategie-oekologischer-landbau/oeko-%20
　　aktionsplaene-in-europa/

　ている。EU加盟27ヵ国の有機農地面積シェアは，2018年時点で8.0%に達して
いるが，まだ8.0%に過ぎないともいえる。したがってF2F戦略の目標は，これを
約10年間で25%まで引き上げるということであり，きわめて野心的な政策目標
であることに違いはない。
　ただ，このような早い時期からアクションプランを策定し，実施してきた国に
おいては，F2F戦略は実現性のある目標になっている。表9-2に示しているよう
に，オーストリア，エストニア，スウェーデンはすでに20%を超えており，ほぼ
実現可能な段階と言える。スウェーデンは自ら設定した「2020年までに30%」
という自国目標こそまだ達成していないが，F2F戦略の目標であれば優に達成で
きるであろう。

表 9-2　欧州諸国における有機農地面積目標

	有機農地面積 ha		2008 → 2018		有機面積シェア %		有機農地シェア目標値	
	2008	2018	増加面積 ha	増加率 %	2008	2018	%	目標年
デンマーク	150,104	256,711	106,607	71	5.6	9.8	12	2020
ドイツ	907,786	1,221,303	313,517	35	5.4	7.3	20	2030
エストニア	87,346	206,590	119,244	137	9.6	20.6	18	2020
フィンランド	150,374	297,442	147,068	98	6.5	13.1	20	2020
フランス	583,799	2,034,115	1,450,316	248	2.0	7.0	15	2022
イタリア	1,002,414	1,957,937	955,523	95	7.5	15.2	17	2020
オーストリア	491,825	639,097	147,272	30	17.4	24.1	30	2025
スウェーデン	336,439	608,754	272,315	81	10.9	20.3	30	2020
スロベニア	29,836	47,848	18,012	60	6.1	10.0	20	2020
チェコ	320,311	519,910	199,599	62	9.0	14.8	15	2020
EU 27 ヵ国	7,073,465	12,980,789	5,907,324	84	4.3	8.0	25	2030

注：Isermeyer et al.（2020）Thünen Working Paper 156, p24 より抜粋して作成

2. 欧州グリーンディールと Farm to Fork 戦略

　　欧州グリーンディール（EGD）は，2019年12月に欧州委員会によって発表された新しい成長戦略である（European Commission 2019）。フォンデアライエン委員長（2019 ～ 2024）を中心とする現委員会の優先課題として，EUを2050年までに温室効果ガス排出量をゼロにして，近代的で資源効率の高い競争力のある経済を備えた公正で繁栄した社会に変えることを目指すとしている。2020年5月に発表されたEUの「Farm to Fork戦略」（European Commission 2020a）と「生物多様性戦略」（European Commission 2020b）は，このEGD目標を達成するための一環であり中心となるものである。農業食料セクターはこれらの戦略に責任のある対応が求められている。

　　F2F戦略の目標は，あらためてつぎのようなことである（European Commission 2020a; Willer et al. 2021b: 223）。
－ 食料生産，輸送，流通，マーケティング，消費が，環境に対して中立的またはプ

ラスの影響を持つものにする

－ 陸と海の資源を保全し，回復する

－ 気候変動を緩和する

－ 生物多様性の損失をくい止める

－ 食料安全保障，栄養，および公衆衛生を確保する

　さて，F2F戦略において有機農業は最重要課題として位置付けられている。有機農業は，現在の環境問題に対する有効な解決策の一つと認識されている。また，狭義の有機農業（耕種・畜産）だけでなく，F2F戦略の目標で言及されている水産養殖についても有機化の普及推進が課題とされている。目標達成のためには，有機食品に対する需要と供給を喚起することが肝要である。そこでは，有機食品市場の育成ということも強調されている。

　Willer et al.（2021b: 223）によれば，F2F戦略の一環として，欧州委員会は持続可能な生産と消費を強化するため，「EUプロモーションプログラム」や第三国で欧州産食品を普及するための「キャンペーン」活動の展開を検討しているという。また，欧州委員会は2021年初めに有機農業アクションプランを提案する予定であるという。その他の取り組みとしては，学校や公的機関における有機製品を含む健康的で持続可能な食事の提供や，そのための最低限の食料調達基準の設定，また，有機農業のための種子を含む品種登録制度の改善や，伝統的および地域に適応した品種に対するアクセスを容易にするための措置を講じる，といったことも決められている。

　有機農業振興のための施策の推進にあたり，研究開発に対する政策支援が重視され，いっそう強化されると考えられている。これまで欧州諸国の有機農業研究は，1990年代半ば以降，各国の研究プログラム，有機農業アクションプランに加えて，EUによる共同研究プログラムへの資金提供が大きかった。Willer et al.（2021b: 223-224）によれば，現在，有機農業に焦点を当てたプロジェクトには「Horizon 2020」「OK-Net Arable」「OK-Net EcoFeed」や，有機種子と植物育種に関する「LIVESEED」「ECOBREED」「BRESOV」という3つのプロジェクトが資金提供されているという。

3. 欧州諸国の有機農業振興：2030年目標に向けて

(1) EU有機農業アクションプランの経験
　欧州委員会による「ヨーロッパ有機農業アクションプラン」が採択されたのは

2004年6月である（大山 2005）。当時のCAP（共通農業政策）改革のポイントは，農業の経済的持続性，社会的持続性，環境的持続性の維持向上を図るということで，有機農業は有効な一手段であるという位置付けがなされていた。2001年6月に開始されたアクションプラン策定の作業グループは，さまざまなレベルの利害関係者グループとの討議や一般市民向け公聴会等を開催していた。

　2004年アクションプランの概要は，①情報推進活動の展開（消費者への情報推進キャンペーンの展開，有機表示，統計データの収集整理等），②公共政策を有効活用した有機農業支援（CAPの下での直接支払と価格支持政策による支持，農村振興政策による支持，農業環境スキームによる支持等），③調査・試験研究の強化，④基準・検査システムの規制強化および貿易促進（基準の対象領域の拡大，ハーモニゼーションの推進，検査活動の監督）というものであった（大山 2005: 2-3）。

　すでに20年近くが経っており，その後の有機農地面積の拡大や有機市場の成長は目覚ましいものがあるが，このアクションプラン策定の経験と実績は，その後のEUおよび各国政府，民間レベルにおける議論の進め方や策定に少なからず活かされてきたといえる。

(2) 公共調達と有機農業

　欧州各国の有機農業振興に関する施策は，大きく2つの面において展開されてきた。1つは，有機農業者に対して「直接支払」が大きな支援策になってきた。もう1つは，流通・消費面における表示規制（基準認証制度）の整備である。有機認証制度の整備や法制化は，図らずも有機食品市場のグローバル化を進める契機にもなったが，その一方で，多くの農業者，関連事業者が有機食品市場に参入できる道筋をつけている。少なくとも有機製品の真正性を保証し，有機食品市場における最低限の共通ルールの役割を果たしている。欧州諸国の有機農業は，以上の2つの面において政策的に支えられてきた。

　さて，これからの有機農業はどのように発展するのであろうか。F2F戦略では，有機農地面積の政策目標が設定されているが，有機農業はこれまでと違った水準で普及拡大することが想定されている。そうであるならば，有機食品市場も格段に拡大することを想定する必要があるだろう。市場の問題は，経済的に対応することが望ましいが，そのような中で，政策的に可能な選択肢として，欧州諸国では公共調達による需要喚起という施策がしばしば注目されてきた。

　このことについて，Varini and Hysaは「持続可能性指向の公的食品調達」（PFP: sustainability-oriented Public Food Procurement）の政策および調達基準の採用の重要性を述べている（2021: 170）。PFPは，有機製品の新しく安定し

た市場を創出し，しかも食生活の変化を刺激し，有機農業への転換を促進するのに役立つ，と述べている。公共調達の典型例は，学校給食への有機食材の利用である。

さらに，Varini and Hysaはつぎのように述べている。

「現在，学校給食に有機食材を普及させるための公的イニシアチブ（推進主体）がヨーロッパ中に存在する。（中略）有機食材の利用を定めるグリーン基準のようなものが欧州全体でどの程度採用されているかを示す包括的データベースはないが，それでもオーストリア，ベルギー，デンマーク，フィンランド，フランス，ドイツ，アイルランド，イタリア，ラトビア，マルタ，オランダ，スロベニア，スペイン等の国，地域，地方レベルで多くの事例が報告されている」（Varini and Hysa 2021: 173）。

有機食品の公共調達の事例として，スウェーデンやデンマークの取り組みはよく知られている。Daugbjerg（2020）によれば，デンマークのパブリック・キッチン運動の場合，2018年にコペンハーゲン市内の公立学校が提供する食材の88％が有機材料で占められていた。主要な成功要因は，より良い栄養価と気候変動・環境に配慮した食事づくりのために，厨房従業員に向けた能力開発の取り組みが大きかったという。より多くの有機製品を使用するため，価格の上昇を抑える努力や，肉の消費量と食品廃棄物を減少させる努力がなされた。また，より新鮮な有機食材を提供するため，とくに全国の卸売業者との協力が重要であったという。新鮮な有機製品の幅広い品揃えには，彼らの協力が不可欠である。

デンマークでは，学校給食だけでなく，市内レストラン，ケータリング等のさまざまな場面で有機食材を積極的に利用する会社が増えている。2020年5月に業界団体が提案した戦略の一つは，2030年までにデンマーク全土のすべての公的および私的ケータリングサービスで提供される食事に有機食材を90％採用するという政策目標が設定されている（現在のパブリック・キッチンの全国平均は60％）（Varini and Hysa 2021: 173）。

現在，有機農業の発展の鍵は有機食品市場の成長にあるが，こういった欧州諸国の公共調達は新たな需要創出の可能性を示している。Daugbjerg（2020）が述べているように，持続性指向（Sustainability-oriented）で市場駆動型（Market-driven）の政策の時代に移っていると言えるだろう。

Daugbjerg, Carsten (2020) Policy capacity and organic conversion of kitchens in the Danish public sector: Designing and implementing innovative policy. IFRO Commissioned Work 2020/01, Department of Food and Resource Economics (IFRO) : University of Copenhagen.

European Commission (2019) The European Green Deal. European Commission, Brussels.

https://ec.europa.eu/info/sites/info/files/european-green-deal-communication_en.pdf

European Commission (2020a) A Farm to Fork Strategy for a fair, healthy and environmentally-friendly food system. European Commission, Brussels.

https://eur-lex.europa.eu/resource.html?uri=cellar:ea0f9f73-9ab2-11ea-9d2d-01aa75ed71a1.0001.02/DOC_1&format=PDF

European Commission (2020b) EU Biodiversity Strategy for 2030. European Commission, Brussels.

https://eur-lex.europa.eu/legal-content/EN/TXT/HTML/?uri=CELEX:52020DC0380&from=EN

Isermeyer, Folkhard et al. (2020) Auswirkungen aktueller Politikstrategien (Green Deal, Farm-to-Fork, Biodiversitätsstrategie 2030; Aktionsprogramm Insektenschutz) auf Land- und Forstwirtschaft sowie Fischerei. Thünen Working Paper 156, Johann Heinrich von Thünen-Institut.

https://www.thuenen.de/media/publikationen/thuenen-workingpaper/ThuenenWorkingPaper_156.pdf

Kirchner, Cornelia Kirchner, Joelle Katto-Andrighetto and Flávia Moura E Castro (2021) Organic Agriculture Regulations Worldwide: Current Situation. Willer H. et.al eds. (2021) The World of Organic Agriculture Statistics and Emerging Trends 2021. FiBL and IFOAM. p152-157

Meredith, S., Lampkin, N.,Schmid, O. (2018) Organic Action Plans: Development, implementation and evaluation, Second edition, IFOAM EU, Brussels.

https://orgprints.org/32771/1/IFOAMEU_Organic_Action_Plans_Manual_Second_Edition_2018.pdf

大山利男 (2005)「EU の有機農業アクションプラン」(翻訳/解題)『のびゆく農業』No.959 農政調査委員会.

European Action Plan for Organic Food and Farming: Commission Staff Working Document, Annex to the Communication from the Commission {COM (2004) 415 final}, Commission of The European Communities, Brussels, 10 June 2004, SEC (2004) 739.

Soil Assciation (2021) Organic Market 2021.

Thünen-Institut (2017) Zukunftsstrategie Ökologischer Landbau: Die wichtigsten Informationen kurz erklärt.

https://www.thuenen.de/de/thema/oekologischer-landbau/zukunftsstrategie-oekologischer-landbau/

Trávníček, Jan, Bernhard Schlatter, Claudia Meier nad Helga Willer (2021) Organic Agriculture Worldwide: Key results from the FiBL survey on organic agriculture worldwide 2021, Part 1: Global data and survey background.
https://www.organic-world.net/fileadmin/images_organicworld/yearbook/2021/Presentations/FiBL-2021-Global-data-2019.pptx

Varini, Federica and Xhona Hysa (2021) The Power of Public Food Procurement: Fostering Organic Production and Consumption. Willer, H. et al. eds. (2021a) The World of Organic Agriculture Statistics and Emerging Trends 2021. FiBL and IFOAM. p170-178.

Willer, Helga, Bram Moeskops, Emanuele Busacca, Léna Brisset, Maria Gernert and Silvia Schmidt (2021b) Organic in Europe: Recent Developments. Willer H. et.al eds. (2021a) The World of Organic Agriculture Statistics and Emerging Trends 2021. FiBL and IFOAM. p219-228.

World Bank (2017) Assessing public procurement regulatory systems in 180 economies. Benchmarking Public Procurement. www.worldbank.org

図表一覧

無農薬：136, 238, 243

あ と が き

　本書は，農林水産省農林水産政策研究所の委託研究事業の成果を編集し直したものである。委託事業として2018年秋に始まり，2021年3月に完了している。

　ところで，本共同研究には前史がある。時期は定かでないが，メンバーの大山利男，酒井徹，谷口葉子が一緒になって始めた「有機農業データコレクション研究会」がそれである。有機JASの格付実績以外に，日本の有機農業全体を把握できるデータが十分ではないという状況に対して，何とか数量データを収集し構築できないかという問題意識を共有していた。難しいことはわかっていたが，諸外国の農業センサスの調査票を見ては日本の農林業センサスでも「有機」の調査項目を入れられないものだろうか，また欧米諸国の有機食品市場に関するデータはどのように収集し分析しているのだろうか，といった議論が始まりである。大山個人の経験を言えば，FiBL & IFOAM「The World of Organic Agriculture: Statitics and Emeging Trends」の編者であるHelga Willer女史からデータ提供の依頼があっても十分に応えることができずに残念な思いをしていたということもある。

　実際に目に見える動きになるのは，立教大学で開催された国際シンポジウム「有機食品市場の展開と消費者：EUと日本の動向から」（2015年9月）の前後からである。ドイツ，フランスの研究者との学術交流は大きな契機となっている。また，2017年12月の日本有機農業学会大会（埼玉大学）にて，有機食品市場のデータ収集をテーマとする連続の個別報告を行ったことも有意義であった。そして2018年秋，本委託事業の応募申請が採択されたことで，共同研究として本格的に取り組むことができるようになる。その際，国内に加えてイタリア，スペイン等の海外調査にも実績のあった李哉法を，また日本国内の有機農業事情に詳しい横田茂永を加えてスタートすることになる。

　本共同研究は，委託研究事業として3年間の実施期間を終了したところである。しかし，完了したという達成感よりも，ようやく緒についたところではないかという感覚もある。調査研究として未完であり，多くの宿題と課題が残っているからではあるが，むしろ今後の定期的なデータの収集・構築や，継続的な分析が求められるだろうと思うからである。研究とは別に，そのための制度，仕組みの整備も今後の大きな課題である。

　最後になるが，本共同研究事業の実施にあたり，農林水産政策研究所の担当者各位から多大なるご協力を賜った。また農林水産省農産局農業環境対策課の方々からもさまざまな形で助言を賜った。ここに記して感謝申し上げる。

　さらに，出版事情とスケジュールが厳しい中で，本書の刊行をお引き受けくださった一般社団法人農山漁村文化協会およびご担当の阿部道彦氏，田口均氏にもここに心より感謝申し上げたい。

　本書は，立教大学経済学部の学部叢書として出版助成を受け，公刊の機会をいただいている。経済学部から賜ったご高配にあらためて感謝申し上げ，あとがきの結びとしたい。

　　　　大山 利男（立教大学）

　　　　酒井　徹（秋田県立大学）

　　　　谷口 葉子（摂南大学）

　　　　李　哉泫（鹿児島大学）

　　　　横田 茂永（静岡県立農林環境専門職大学）

執筆者

大山利男〈編者〉(おおやま・としお) ── 第1章, 第2章, 第9章執筆
立教大学経済学部准教授。東京大学大学院農学系研究科博士課程, 博士 (農学)。1990年より
(財) 農政調査委員会研究員, 同主任研究員, 2006年よりFiBL (スイス) 客員研究員, 2008年
より農林水産省農林水産政策研究所研究員など経て2010年より現職。
著書に『有機食品システムの国際的検証:食の信頼構築の可能性を探る』(2003年, 日本経済
評論社, 単著), 『有機農業と畜産』(2004年, 筑波書房, 単著), 『有機農業がひらく可能性:ア
ジア・アメリカ・ヨーロッパ』(2015年, ミネルヴァ書房, 共著) など。

酒井 徹(さかい・とおる) ── 第4章執筆
秋田県立大学生物資源科学部准教授。北海道大学大学院農学研究科博士課程, 博士 (農学)。
1996年より (社) 北海道地域農業研究所専任研究員, 2007年より現職。
著書に『有機農業:21世紀の課題と可能性』(2001年, コモンズ, 共著), 『戦後日本の食料・農
業・農村 第9巻 農業と環境』(2005年, 農林統計協会, 共著), 『有機農業大全:持続可能な
農の技術と思想』(2019年, コモンズ, 共著) など。

谷口葉子(たにぐち・ようこ) ── 第3章, 第5章執筆
摂南大学農学部准教授。神戸大学大学院自然科学研究科博士課程, 博士 (農学)。2007年より
公立大学法人宮城大学助教, 同准教授, 2020年4月より現職。
著書に『フードシステム学叢書 第1巻・現代の食生活と消費行動』(2016年, 農林統計出版,
共著) など。

李 哉泫(い・じぇひょん) ── 第6章, 第7章執筆
鹿児島大学農学部准教授。東京大学大学院農学系研究科博士課程, 博士 (農学)。1996年より
東京大学大学院農学系研究科助手, 1999年より現職。
著書に『地域ブランドの戦略と管理:日本と韓国/米から水産品まで』(農山漁村文化協会,
2008年, 共著), 『農業経営学の現代的眺望』(2014年, 日本経済評論社, 共編著), 『変貌する
水田農業の課題』(2019年, 日本経済評論社, 共編著), 『EU青果農協の組織と戦略』(2019年,
日本経済評論社, 共著) など。

横田茂永(よこた・しげなが) ── 第8章執筆
静岡県立農林環境専門職大学短期大学部准教授。東京農工大学連合大学院農学研究科博士課
程, 博士 (農学)。(一社) JC総研 (現日本協同組合連携機構) 主任研究員, (一社) 全国農業会
議所専門員, 京都大学「農林中央金庫」次世代を担う農企業戦略論講座特定准教授などを経て
2020年より現職。
著書に『環境のための制度の構築』(2012年, 筑波書房, 単著), 『新たなリスク管理と認証制度
の構築』(2012年, 筑波書房, 単著), 『農業の新人革命』(2012年, 農山漁村文化協会, 共著),
『「農企業」のムーブメント』(2019年, 昭和堂, 編著), 『地域を支える「農企業」』(2020年, 昭
和堂, 共著) など。

有機食品市場の構造分析
日本と欧米の現状を探る

2022年2月28日　第1刷発行

編著者
大山利男

発行
一般社団法人 農山漁村文化協会
〒107-8668　東京都港区赤坂7-6-1
電話：03-3585-1142（営業）　03-3585-1145（編集）
ファックス 03-3585-3668
https://www.ruralnet.or.jp/

印刷・製本
凸版印刷（株）

ISBN　978-4-540-21294-9〈検印廃止〉
©TOSHIO OYAMA, 2022
Printed in Japan

編集／（株）農文協プロダクション
DTP／岡村デザイン事務所
ブックデザイン／堀渕伸治◎tee graphics